Über Heizwertbestimmungen mit besonderer Berücksichtigung gasförmiger und flüssiger Brennstoffe.

Von

Dipl.-Ing. **Theodor Immenkötter**

aus Werl in Westf.

Mit 23 in den Text gedruckten Abbildungen.

München und **Berlin.**

Druck und Verlag von R. Oldenbourg.

1905.

Inhaltsverzeichnis.

Einleitung.

Die wirtschaftlich günstigste Ausnutzung der mannig-
fachen in der Industrie verwendeten Brennstoffe ist mit Sicherheit nur möglich bei genauer Kenntnis des denselben inne-
wohnenden Heizwertes. Letzterer ist bei den verschiedenen
Brennstoffen verschieden und auch bei den Brennstoffen derselben Herkunft Schwankungen unterworfen. Die Heizwertbestimmung ist deshalb von grofser Wichtigkeit, sowohl für
den Laboratoriumsingenieur zur wissenschaftlichen Untersuchung der Eigenschaften der Brennstoffe, als auch für den
Ingenieur der Praxis zur Bestimmung des für den jeweiligen
Zweck günstigsten Brennstoffes und zur Kontrolle des Heizwertes des letzteren.

Es dürfte deshalb interessieren, die bisher ausgebildeten
Methoden und Apparate für Heizwertbestimmungen — sowohl
mit Bezug auf ihre Anwendbarkeit für technisch-wissenschaft-
liche, als auch für industrielle Zwecke — einer Besprechung
zu unterziehen. Dieses soll im ersten Abschnitt der vorliegenden
Arbeit geschehen.

Die hohe Bedeutung, welche speziell die gasförmigen und
flüssigen Brennstoffe infolge ihrer günstigen Ausnutzung in
den Wärmekraftmaschinen gewonnen haben, haben mich
bewogen, im zweiten Abschnitt ein neueres, von den früheren
Apparaten vollständig abweichendes Kalorimeter, nämlich das
Junkerssche, zu besprechen und die Untersuchungen mitzu-
teilen, die ich mit demselben behufs Feststellung seiner Eigenschaften und Fehlerquellen angestellt habe.

Im dritten und vierten Abschnitt sollen die Versuche besprochen werden, die ich vorgenommen habe, um die Anwendung dieses Kalorimeters auf heizarme Gase, die
unter gewöhnlichen Verhältnissen nicht zur Verbrennung gebracht werden können, sowie auf diejenigen flüssigen
Brennstoffe, deren vollkommene Verbrennung im Kalorimeter
noch mit Schwierigkeiten verknüpft war, zu ermöglichen bzw.
zu vereinfachen.

Definitionen.

Unter Heizwert eines Brennstoffes versteht man diejenige
Wärmemenge, welche derselbe bei der vollkommenen
Verbrennung infolge der chemischen Umwandlung — also
bei Ausschluß etwaiger äußerer Arbeitsleistung — abgibt.

Je nachdem das bei der Verbrennung wasserstoffhaltiger
Brennstoffe erzeugte Bildungswasser in Dampfform entweicht
oder zu flüssigem Wasser kondensiert wird, hat man einen
unteren und oberen Heizwert. Diese beiden Heizwerte
unterscheiden sich also durch die Verdampfungswärme des
bei der Verbrennung entstehenden Bildungswassers.

Die Messung des Heizwertes geschieht in Wärmeeinheiten.
(Kalorien.)

Als Einheit für industrielle Zwecke gilt diejenige
Wärmemenge, welche imstande ist, die Temperatur von 1 kg
Wasser (bei der Versuchstemperatur) um 1^0 zu erhöhen.
Man nimmt also hier keine Rücksicht auf die Veränderlich-
keit der spezifischen Wärme des Wassers bei verschiedenen
Temperaturen.

Für wissenschaftliche Zwecke ist die Berücksichtigung dieser Veränderlichkeit notwendig. Nach den bisherigen
Forschungen ist die Größe und das Gesetz der Veränderlichkeit der spezifischen Wärme des Wassers mit der Temperatur
noch nicht hinreichend aufgeklärt. Während Regnault
eine verhältnismäßig geringe Steigerung mit der Temperatur

beobachtet hat, soll dieselbe nach B a u m g a r t n e r erheblich größer sein und bei 50^0 z. B. schon $1,5\,{}^0/_0$ mehr betragen als bei 0^0. Andere Forscher haben in verschiedenen Temperaturintervallen eine verschieden starke Steigerung der spezifischen Wärme beobachtet.

Die Folge dieser Unsicherheit in der Größe der spezifischen Wärme des Wassers ist die, daß eine allgemein feststehende Größe für die Wärmeeinheit bis jetzt nicht aufgestellt werden konnte.

Für wissenschaftliche Zwecke sind als Wärmeeinheiten vornehmlich in Gebrauch:

1. diejenige Wärmemenge, welche 1 g Wasser von 0 auf 1^0 erwärmt;

2. diejenige Wärmemenge, welche 1 g Wasser bei der Temperatur von 15^0 um 1^0 in der Temperatur erhöht;

3. der hundertste Teil derjenigen Wärmemenge, welche 1 g Wasser von 0 auf 100^0 erwärmt.

Erster Abschnitt.

Methoden der Heizwertbestimmung.

Die bisher benutzten Methoden der Heizwertbestimmung lassen sich in folgende 4 Gruppen einteilen:

A. Berechnung des Heizwertes aus der bei der Verbrennung verbrauchten Sauerstoffmenge.

B. Berechnung aus der Elementaranalyse.

C. Berechnung aus der Dichte (densimetrische Methode).

D. Messung des Heizwertes durch Übertragung der bei der Verbrennung entwickelten Wärme auf ein anderes Medium mit bekannten kalorischen Eigenschaften. (Wasser.) (Eigentliche kalorimetrische Methode.)

Letztere teile ich ein:

1. in solche, bei welchen die Verbrennung bei konstantem Druck stattfindet, und zwar unter Benutzung

    a) der Schmelzwärme,

    b) der Temperaturerhöhung,

    c) der Verdampfungswärme des Wassers als Maßstab für die entwickelte Wärmemenge;

2. in solche, bei welchen die Verbrennung bei konstantem Volumen erfolgt, und zwar unter Benutzung

    a) der Schmelzwärme,

    b) der Temperaturerhöhung des Wassers als Maßstab für die entwickelte Wärmemenge.

A. Bestimmung des Heizwertes aus der zur Verbrennung verbrauchten Sauerstoffmenge.

J. J. Welter[1]) schlofs im Jahre 1821 aus den Versuchen von Rumford, Crawford, Lavoisier und Laplace, welche den Heizwert verschiedener Stoffe durch Verbrennung bestimmt hatten, dafs die von der Gewichtseinheit des verbrauchten Sauerstoffes erzeugten Wärmemengen für die einzelnen Brennstoffe gleich seien oder zu einander in einem einfachen Verhältnisse ständen.

Die Richtigkeit dieses Gesetzes schien bekräftigt durch die Erwägung, dafs der Sauerstoff der eigentliche Wärmeerzeuger sei, dafs also der Sauerstoff verbrenne.

Bei der praktischen Durchführung der auf diesem Gesetze beruhenden Heizwertbestimmungen handelte es sich also darum, das Gewicht des Sauerstoffes zu bestimmen, welcher zum Verbrennen eines bestimmten Brennstoffgewichtes verbraucht wurde.

Dieses geschah in der Weise, dafs eine sauerstoffhaltige Metallverbindung mit dem Brennstoff in einem geschlossenen Gefäfse geglüht und aus dem Gewicht des reduzierten Metalles die Sauerstoffmenge berechnet wurde.

So bestimmte Berthier[2]) die Bleimenge, welche die verschiedenen Brennstoffe beim Glühen mit Bleiglätte (Pb O) im geschlossenen Tiegel lieferten.

Es bildet nämlich theoretisch:

$$1 \text{ kg C mit (Pb O)} : 34 \text{ kg Blei, und}$$
$$1 \text{ » H » (Pb O)} : 103,7 \text{ kg Blei}$$

bei der Reduktion zu Pb und Verbrennung zu CO_2 bzw. H_2O.

Ist nun der Heizwert von C oder H bekannt, so kann man für andere Brennstoffe den Heizwert aus dem bei der Verbrennung gebildeten Bleigewichte berechnen.

Berthier nahm als Ausgangspunkt den von Despretz gefundenen Heizwert des Kohlenstoffes (Holzkohle) mit

---

[1]) Ann. de chimie et de phys. 1821, XIX, 425.
[2]) Dingl. 1835, LVIII, S 391.

7815 Kal. an. Da dieser beim Glühen mit Pb O (und Verbrennen zu CO_2) das 34 fache seines Gewichtes an Blei erzeugt, so ist jedes durch ein Brennmaterial reduziertes kg
Blei äquivalent $\dfrac{7815}{34}$ = ca. 230 Kal.

Professor A. S c h r ö t t e r [1]) verwendete in gleicher Weise
Bleioxychlorid bei der Untersuchung der österreichischen
Braunkohlen.

L e w i s   T h o m p s o n [2]) glühte die feingepulverte Kohle
mit Kaliumdichromat in einem gufseisernen Tiegel und bestimmte den Gewichtsverlust. Dieser Betrag, vermindert um
das Gewicht der verbrannten Kohle, sollte das Gewicht des
verbrannten Sauerstoffes ergeben.

Die Anwendbarkeit des W e l t e r schen Gesetzes für genauere Versuche wurde aber schon in Frage gestellt durch
die Untersuchungen D e s p r e t z s [3]), welcher mit einem voll-
kommeneren Kalorimeter sehr abweichende Resultate von den
Zahlen R u m f o r d s, C r a w f o r d s etc., also den dem W e l t e r-
schen Gesetze zugrunde liegenden Werten fand.

Ich habe die von T h o m s e n (1873) — durch Verbrennung — bestimmten Heizwerte einiger Brennstoffe (C von
Favre & Silbermann 1852) auf 1 kg zur Verbrennung erforderlichen Sauerstoff umgerechnet und in Tabelle I eingetragen.
Diese Werte zeigen so grofse Verschiedenheiten, dafs dieselben
auf Beobachtungsfehler bei der kalorimetrischen Heizwertbestimmung nicht zurückgeführt werden können.

Speziell beim Kohlenstoff ergibt sich ein aufsergewöhn-
lich niedriger Wert. Dieses erklären B e t h k e u. L ü r m a n n [4])
durch die bei dem Übergang des festen Kohlenstoffes in gasförmigen Zustand g e b u n d e n e   W ä r m e.   Mit Rücksicht
hierauf berechnen sie den Heizwert des gasförmigen Kohlenstoffes zu 11 382 Kal. und — bezogen auf 1 kg verbrannten
Sauerstoff — zu 4195 Kal.

[1]) Dingl. 1850, CXVI, S. 115.
[2]) The Mining Journal 1876, Nr. 16.
[3]) Ann. de chim. et de phys. 1828, XXXVII, S. 180.
[4]) Dingl. 1876, CCXX, S. 182.

Tabelle I.

Brennstoff		Erzeugte Wärmemenge (Oberer Heizwert) von	
Namen	Formel	1 kg Brennstoff	1 kg verbrauchten Sauerstoff
1	2	3	4
Wasserstoff	H	34 180 Kal.	4275 Kal.
Kohlenoxyd	CO	2 473 »	4325 »
Methan	CH_4	13 346 »	3340 »
Kohlenstoff	C	8 080 »	3035 »
Azetylen	C_2H_2	11 923 »	3880 »
Ätylen	C_2H_4	11 957 »	3483 »
Benzol	C_6H_6	10 331 »	3180 »

Die bei den Kohlenwasserstoffen sich ergebenden niedrigeren Werte dürften auf den Einfluſs der Bildungswärme zurückzuführen sein.

Sollten Forschungen in dieser Richtung auch die Richtigkeit des Welterschen Gesetzes bestätigen, so kann dasselbe dennoch nicht als Grundlage obiger Methoden für genauere Messungen dienen. Denn da die Vergasungswärme des Kohlenstoffes wärmetechnisch verloren ist, bleiben immer die in Tabelle I Spalte 4 ermittelten Werte und deren groſse Verschiedenheiten von Einfluſs. Die Genauigkeit der Resultate der auf dem Welterschen Gesetz aufgebauten Methoden hängt also, abgesehen von etwaigen Beobachtungsfehlern, von der chemischen Zusammensetzung des Brennstoffes und der Wahl des zugrunde gelegten bekannten Heizwertes ab.

Die gröſste Differenz (29 %) würde z. B. entstehen, wenn nach der obigen Methode der Heizwert des Kohlenstoffes bestimmt würde unter Benutzung des bekannten Heizwertes des Wasserstoffes.

Geringer ist der Fehler bei der Heizwertbestimmung von Kohlenwasserstoffen und von den zum gröſsten Teile aus Kohlenwasserstoffen bestehenden Brennstoffen unter Zugrundelegung des bekannten Heizwertes des Kohlenstoffes. Dieser

Fehler beträgt aber z. B. bei dem Benzol (dem in obiger Zusammenstellung dem Kohlenstoff am nächsten stehenden Kohlenwasserstoffe) noch immer ca. 5%.

Eine gröfsere Genauigkeit könnte erzielt werden nur durch nebenhergehende Analyse des Brennstoffes. Ist aber letztere auszuführen, so wird man auf die Bestimmung des zur Verbrennung nötigen Sauerstoffes verzichten können und die im folgenden beschriebenen Methoden anwenden.

B. Berechnung des Heizwertes aus der Elementaranalyse.

Dulong[1]) stellte 1837 für die aus verschiedenen chemischen Elementen zusammengesetzten Brennstoffe das Gesetz auf:

»Die von einem Brennstoffe entwickelte Wärmemenge ist gleich der Summe der Wärmemengen, die die einzelnen Elemente des Brennstoffes bei der Verbrennung ergeben.«

Unter Benutzung der auf anderem Wege für die einzelnen Elemente festgestellten Heizwerte läfst sich aus der Elementaranalyse der Heizwert des Brennstoffes berechnen.

Zu diesem Zwecke ist eine ganze Reihe Formeln aufgestellt worden, die verschiedene störende Einflüsse berücksichtigen, und von denen einige hier besprochen werden sollen.

In denselben bedeuten:

W den Heizwert des Brennstoffes, C, H, O, S und w den Prozentgehalt des Brennstoffes an Kohlenstoff, Wasserstoff, Sauerstoff, Schwefel und hygroskopischem Wasser. Die betreffenden Koeffizienten geben den Heizwert, der von w die Verdampfungswärme dieser Teile an.

Die Gröfse $\left(H - \dfrac{O}{8}\right)$ bezeichnet den sogenannten »disponiblen Wasserstoff«.

Einzelne Autoren nehmen nämlich an, dafs der im Brennstoff enthaltene Sauerstoff bereits soviel Wasserstoff gebunden

---

[1]) M. Scheurer-Kestner, Pouvoir calorifique des combustibles, Paris 1896, S. 5 ff.

habe, als bei der Verbrennung zu Wasser erforderlich sein würde. Der Rest heißt der »disponible« Wasserstoff.

Bei Anwendung dieser Bezeichnungen lautete die ursprüngliche D u l o n g sche Formel für den oberen Heizwert:

$$W = \frac{8080\,C + 34\,500\left(H - \frac{0}{8}\right)}{100}.$$

Diese Formel ist für solche Brennstoffe bestimmt, die nur Kohlenstoff und Wasserstoff, aber kein sonstiges Wasser enthalten.

Speziell für die Heizwertbestimmung der Kohlen haben der Verein deutscher Ingenieure und der Verband der Dampf-kessel-Überwachungsvereine eine »Verbandsformel« aufgestellt, nach welcher sie unter Berücksichtigung des Schwefelgehaltes und der Verdampfungswärme des hygroskopischen Wassers, sowie unter Einführung des unteren Heizwertes des Wasser-stoffes den in gewerblichen Betrieben zumeist in Frage kommenden u n t e r e n H e i z w e r t berechnen. Dieselbe lautet unter Abrundung aller Werte:

$$W_u = \frac{8100\,C + 29\,000\left(H - \frac{0}{8}\right) + 2500\,S - 600\,w}{100}.$$

S c h w a c k h ö f e r[1]) nimmt den in den Brennstoffen enthaltenen Sauerstoff mit dem entsprechenden Wasserstoff als »chemisches Wasser« gebunden an und bringt hierfür die Gesamtwärme in Abzug, so daß seine Formel lautet:

$$W = \frac{8080\,C + 34\,462\left(H - \frac{0}{8}\right) - 637\left(w + \frac{9}{8}\,0\right)}{100}.$$

B a l l i n g[2]) benutzt ebenfalls die S c h w a c k h ö f e r sche Formel, setzt aber die Gesamtwärme des Wasserdampfes mit 652 Kal. ein; diese entspricht einer Dampftemperatur von 150[0] und nimmt auf die Temperatur der Abgase im praktischen Gebrauche der Brennstoffe Rücksicht.

---

[1]) F i s c h e r, Chem. Technologie der Brennstoffe, Braunschweig 1897, I, S. 257.

[2]) S c h e u r e r - K e s t n e r, Pouvoir calorifique etc., Paris 1896, S. 11.

Andere Autoren nehmen den gesamten im Brennstoff enthaltenen Wasserstoff als zum Heizwert beitragend an und berücksichtigen demgemäfs die latente bzw. Gesamtwärme des gesamten bei der Verbrennung gebildeten Wassers.

So schlägt Kerl[1]) (1876) vor (mit entspr. Abrundungen der Werte):

$$W = \frac{8100\ C + 34\,500\ H - 600\ (w + 9\ H)}{100}.$$

Ferrini[2]) bringt nur die latente Wärme des Wasserdampfes von 100⁰ (nicht die Gesamtwärme) in Abzug, so dafs seine Formel lautet:

$$W = \frac{8100\ C + 34\,500\ H - 540\ (w + 9\ H)}{100}.$$

Eine von den obigen abweichende Formel stellte Cornut[3]) (1888) auf, der die Untersuchungen Scheurer-Kestners zugrunde liegen.

Letzterer hatte nämlich gefunden, dafs zwei Kohlensorten von derselben Elementarzusammensetzung, aber verschiedenem Fundort verschiedene Heizwerte aufwiesen.

Bei der Entgasung dieser Kohlen hatte sich herausgestellt, dafs die Koksausbeute, mithin auch der Gehalt an flüchtigem Kohlenstoff bei beiden Proben verschieden war.

Hierauf fufsend schlug Cornut vor, die Koksausbeute der Brennstoffe zu bestimmen, und für den festen und gasförmigen Kohlenstoff verschiedene Heizwerte einzuführen.

Seine Formel lautet:

$$W = \frac{8080\ C_f + 11\,214\ C_g + 34\,500\ H}{100}$$

in welcher C_f den Gehalt an festem, C_g den an flüchtigem Kohlenstoff und 8080 bzw. 11 214 die entsprechenden Heizwerte bedeuten.

Hierbei vernachlässigt Cornut jedoch den Einflufs der zur Entgasung des Brennstoffes aufgewendeten Wärme, die

---

[1]) Scheurer-Kestner, Pouvoir calorifique etc., Paris 1896, S. 10.
[2]) Ebenda S. 10.
[3]) Ebenda S. 11.

von einer fremden Wärmequelle zugeführt worden ist und die
teilweise zur Bildung der Entgasungsprodukte gedient hat.

Die grofse Zahl und die Verschiedenheiten der aufge-
stellten Formeln sind eine Folge der Unsicherheit, die bei der
Berechnung des Heizwertes aus der Elementaranalyse entstanden ist.

Denn die Mehrzahl der Brennstoffe besteht aus chemischen
Verbindungen, welche mehr oder weniger Wärme bei ihrer
Zersetzung absorbieren oder erzeugen, je nachdem ihre Bil-
dung unter Abgabe oder Zuführung von Wärme erfolgt war.

Die genauen Vorgänge bei der Verbrennung solcher zu-
sammengesetzter Brennstoffe sind noch nicht hinreichend
aufgeklärt.

So ist z. B. bei den meisten sauerstoffhaltigen Brennstoffen noch nicht bekannt, ob der Sauerstoff in denselben
mit dem Wasserstoff oder dem Kohlenstoff, oder mit keinem
von beiden chemisch gebunden ist.

Es kann infolgedessen der nach der Elementaranalyse
b e r e c h n e t e Heizwert nicht mit Sicherheit gleich der Wärmemenge gesetzt werden, die der Brennstoff bei der Verbrennung in W i r k l i c h k e i t e n t w i c k e l t.

So haben S c h w a c k h ö f e r, F i s c h e r und A l e x e j e w
Unterschiede von $+$ 6 bis $-$ 5,4 $^0/_0$ zwischen den experi-
mentell mit ihren Kalorimetern gefundenen und den nach dem
Dulongschen Gesetz berechneten Heizwerten gefunden.

Bei manchen Brennstoffen indessen, so z. B. bei Steinkohlen, dürften die nach den obigen Formeln ermittelten Ergebnisse für viele gewerbliche Zwecke als genügend erachtet
werden.

Für gasförmige Brennstoffe, die ein Gemisch von verschiedenen brennbaren Gasen bilden, kann man bessere Resultate erzielen, wenn man statt der Elementaranalyse die
Immediatanalyse, d. h. die Feststellung der einzelnen brennbaren Gase vornimmt. Da deren Heizwerte mit grofser Genauigkeit durch F a v r e und S i l b e r m a n n, B e r t h e l o t und
T h o m s e n bestimmt worden sind, läfst sich der Heizwert
des Gemisches aus dem der einzelnen Bestandteile durch
Rechnung ermitteln.

Hier tritt aber für Gase, die schwere Kohlenwasserstoffe von verschiedenster Zusammensetzung enthalten, was bei fast allen technischen Gasen der Fall ist, eine andere Schwierigkeit ein. Es ist dieses die maßanalytische Bestimmung der e i n z e l n e n schweren Kohlenwasserstoffe, die zu den schwierigsten, zeitraubendsten Arbeiten des chemischen Laboratoriums gehört, und die deshalb für technische Zwecke höchstens in Ausnahmefällen Verwendung gefunden hat.

Diese Schwierigkeit kann umgangen werden durch Anwendung der im folgenden zu besprechenden densimetrischen Methode der Heizwertbestimmung.

C. Densimetrische Methode.

S l a b y [1]) war bei seinen Untersuchungen über den Kreisprozeß der Gasmaschine gezwungen, den Heizwert des verwendeten Leuchtgases fortlaufend zu bestimmen.

Um die oben angeführten Schwierigkeiten zu vermeiden, hat er, speziell für die Heizwertbestimmungen des Leuchtgases, eine Methode ausgebildet, die eine Kombination aus Gasanalyse und Dichtebestimmung bildet, und die außer der Bestimmung der übrigen brennbaren Gase nur die Kenntnis des G e s a m t g e h a l t e s an schweren Kohlenwasserstoffen bedingt. Die maßanalytische Bestimmung des letzteren ist aber auf Grund der Eigenschaft der rauchenden Schwefelsäure, alle schweren Kohlenwasserstoffe zu absorbieren, leicht ausführbar.

S l a b y fand nun, daß die Heizwerte der einzelnen schweren Kohlenwasserstoffe, als Funktion ihrer Dichte aufgetragen, fast genau die gerade Linie:

$$H = 1000 + 10500\, E$$

erfüllten, wo H den unteren Heizwert und E die Dichte des betr. schweren Kohlenwasserstoffes bezeichnen.

Es war also die Dichte des schweren Kohlenwasserstoffgemisches zu bestimmen; diese wurde aus der Dichte des

---

[1]) S l a b y , Kalorimetrische Untersuchungen über den Kreisprozeß der Gasmaschine, 1892, Heft 1.

ursprünglichen Gases und des nach Absorption mit rauchen-
der Schwefelsäure verbleibenden Restes berechnet. Die Dichte-
messungen des Gases und des Restes sind mit der Luxschen
Gaswage leicht ausführbar.

Diese »densimetrische« Methode der Heizwertbestimmung,
die Slaby in Ermangelung geeigneter kalorimetrischer Apparate ausgebildet hat, beschränkt sich naturgemäfs auf reine
schwere Kohlenwasserstoffe und auf Gase mit Gehalt an
schweren Kohlenwasserstoffen, hat aber in diesen Fällen gute
Dienste geleistet.

Allerdings dürfte sie wegen der immerhin umständlichen
Analysen und Dichtebestimmungen gegenüber den heutigen,
einfacheren kalorimetrischen Methoden nur selten mehr Anwendung finden.

**D. Messung des Heizwertes durch Übertragung der bei
der Verbrennung entwickelten Wärme auf Wasser.**

Die Methoden der Heizwertbestimmung, welche zuerst
in Anwendung kamen, im Laufe der Zeit die weiteste Verbreitung gefunden haben und jetzt fast ausschliefslich benutzt
werden, beruhen auf der Messung der durch Verbrennung in
einem Verbrennungsraum erzeugten Wärme; indem letztere
auf Wasser überführt wird, dessen kalorische Eigenschaften
bekannt sind, und das eine einfache Bestimmung seiner durch
die Wärme verursachten Zustandänderungen gestattet.

Letztere bestehen in dem Übergange aus dem festen in
den flüssigen, aus dem flüssigen in den dampfförmigen Zustand und aus der Temperaturerhöhung im flüssigen Zustande.
Alle drei Zustandsänderungen sind zur Heizwertbestimmung
benutzt worden.

Die Hauptgesichtspunkte, nach welchen ich die Besprechung der einzelnen Methoden vornehmen werde, sind:

Die Möglichkeit der vollkommenen Verbrennung des zu
untersuchenden Brennstoffes,

die vollständige Aufnahme der entwickelten Wärme durch
das Kalorimeter,

die Messung der aufgenommenen Wärme- und der zugeführten Brennstoffmengen,

sowie die Handhabung der Methode.

I. Verbrennung unter konstantem Druck.

a) Benutzung der Schmelzwärme des Wassers als
Mafsstab für die erzeugte Wärmemenge.

Die ersten bekannt gewordenen Heizwertbestimmungen,
die unter Benutzung der Schmelzwärme des Wassers ausgeführt worden sind, rühren von
Wilke[1]) her (1781). Dieser bestimmte die Schneemengen, welche
durch die Verbrennung einer bestimmten Brennstoffmenge zum
Schmelzen gebracht wurden.

Der Apparat Wilkes war noch
sehr unvollkommen; derselbe hatte
keinen Schutzmantel gegen Wärmeaustausch mit der Umgebung und
mufste deshalb bei ca. 0° Aufsentemperatur benutzt werden. Das sich
bildende Schmelzwasser war wegen
der absorbierenden Wirkung des
Schnees nur ungenau bestimmbar.

Weit besser war das Eiskalorimeter, welches A. L. Lavoisier
und P. S. de Laplace[2]) fast zu

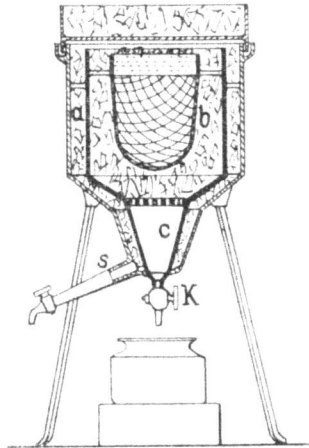

Fig. 1.

gleicher Zeit mit den Wilkeschen Versuchen und ohne
Kenntnis derselben zu Heizwertbestimmungen benutzten.

Dasselbe besteht aus einem Verbrennungsraum b (Fig. 1)
aus Drahtgewebe, welcher in einem Behälter befestigt und von
Eis umgeben ist. Dieser Behälter ist durch eine schmelzende
Eisschicht, sowie durch einen mit Eis gefüllten Deckel gegen
Wärmeaustausch mit der Umgebung geschützt.

---

[1]) Stockholmer Abhandlungen für das Jahr 1781.

[2]) J. Rosenthal, 2 Abhandlungen über die Wärme von
Lavoisier u. Laplace aus den Jahren 1780 und 1784, Leipzig 1892.
— Histoire de l'Academie de France 1781, S. 379.

Das durch die Verbrennung geschmolzene Eis fliefst durch
einen Rost in den Trichter C und kann durch Hahn K abgelassen werden.

Zuerst verpufften die beiden Autoren Kohle mit Salpeter
sowie Schwefel mit Salpeter. Phosphor und Schwefel-Äther
wurden verbrannt unter Zuführung von Luft mittels eines
Blasebalges. Kohle brachten sie in Mengen von 30—500 g
in einem irdenen Gefäfs zum Glühen und verbrannten dieselbe im Kalorimeter durch Aufblasen von Luft.

Lavoisier und Laplace fanden, dafs ein Teil Kohle
durchschnittlich 96,5 Teile und ein Teil Wasserstoff 295,6 Teile
Eis zum Schmelzen brachten. Dieses ergiebt bei Annahme
der v. Thanschen Eiskalorie [1]) (80,667) einen Heizwert von
7775 bzw. 23800 Kalorien.

Eine vollkommene Verbrennung ist in diesem Eis-
kalorimeter bei gasförmigen und vielen flüssigen Brennstoffen
unter Anwendung geeigneter Brenner möglich. Bei festen
Brennstoffen ist ein Gehalt der Abgase an unverbrannten
Teilen kaum zu vermeiden. Ferner bleibt, namentlich bei
Koks und Anthrazit, ein gewisser Kohlenstoffgehalt in den
Verbrennungsrückständen zurück. Letzteres tritt aber er-
fahrungsgemäfs bei allen Kalorimetern ein, in welchen die
Verbrennung unter atmosphärischem Drucke erfolgt.

Die vollständige Aufnahme der entwickelten Wärme
durch das Kalorimeter wird in erster Linie beeinflufst durch
die Temperatur der entweichenden Verbrennungsprodukte und
der zugeführten Luft, ev. auch der des Brennstoffes. Infolge der energischen Abkühlung der Verbrennungsprodukte
treten dieselben mit niedriger Temperatur aus. Ist nun die
Aufsentemperatur eine hohe, so wird dem Kalorimeter durch
die Verbrennungsluft eine gröfsere Wärmemenge zugeführt
als die Abgase abführen. Die Gröfse dieses Einflusses wird
bei den späteren Kalorimetern besprochen werden.

Die Messung der aufgenommenen Wärmemenge geschieht durch Feststellung des geschmolzenen Eises, welches
durch den Hahn k in das daruntergestellte Gefäfs fliefst.

―――――――――

[1]) Wiedem. Ann. 1881, XIV, S. 405.

Hier liegt die gröfste Fehlerquelle dieses Kalorimeters. Das sich bildende Wasser bleibt zum Teil infolge der Adhäsion und Kapillarität an dem Eise haften und ist deshalb nicht genau zu bestimmen.

Durch eine längere Dauer des Versuches läfst sich zwar ein gewisser Beharrungszustand im Abtropfen erreichen; dieser ist jedoch nicht konstant wegen der stetig sich ändernden Oberfläche und gegenseitigen Lage der Eisstücke.

Die Handhabung des Apparates gestaltet sich bei Aufser-achtlassung der Abgasuntersuchung verhältnismäfsig einfach. Doch ist die Dauer der Versuche sehr lang; dieselbe betrug bei Lavoisier und Laplace im Mittel 15 Stunden.

Die Genauigkeit der Resultate geben die beiden Autoren zu ca. 2% bei $+ 4^0$ Aufsentemperatur an. Ist letztere höher, so sollen sich die Fehler tark vergröfsern.

Ein Eiskalorimeter von weit vollkommenerer Form wurde von A. Schuller und V. Wartha[1]) in Budapest um das Jahr 1877 zu Heizwertbestimmungen benutzt.

Es war das Bunsensche Eiskalorimeter, welches ursprünglich — ebenso wie das von Lavoisier und Laplace — zur Messung von spez. Wärmen bestimmt, von obigen Physikern für Heizwertuntersuchungen eingerichtet wurde. (Fig. 2 und 3.)

Das behufs besserer Wärmeübertragung mit Wasser ge-füllte Rohr g dient zur Aufnahme des in Fig. 3 in gröfserem Mafsstabe gezeichneten Brenners. An dem unteren Ende von g wird innerhalb des mit luftfreiem, destilliertem Wasser gefüllten Gefäfses V ein Eismantel erzeugt (schraffiert), der beim Schmelzen das Einsaugen von Quecksilber aus dem Näpfchen q in das Gefäfs V bewirkt.

Zwecks sorgfältiger Isolierung ist letzteres in ein zweites mit Wasser gefülltes Gefäfs eingebaut, dessen Temperatur infolge eines an seiner Wandung erzeugten und durch die äufsere Eispackung aufrecht erhaltenen Eismantels anf 0^0 erhalten wird.

---

[1]) Wiedem. Ann. 1877, II, S. 359 *.

Es wird bei diesem Kalorimeter die Menge des geschmolzenen Wassers nicht direkt gemessen, sondern aus der
Volumenänderung berechnet, welche es beim Übergange aus
dem festen in den flüssigen Aggregatzustand erfährt. Diese
Kontraktion läfst sich durch Wägung der aus dem Näpfchen q
eingesogenen Quecksilbermenge bestimmen.

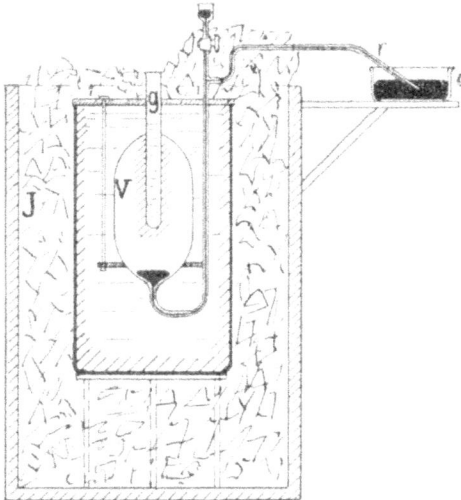
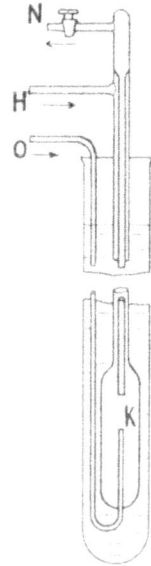

Fig. 2.   Fig. 3.

In den Brenner wird bei H das zu untersuchende Gas,
bei O der zur Verbrennung erforderliche Sauerstoff eingeführt.
Die Abgase entweichen durch Rohr N. Die Entzündung des
Gasstromes geschieht auf elektrischem Wege.

Der kleine Verbrennungsraum uud die niedrige Temperatur seiner Wandung lassen eine vollkommene Verbrennung
zweifelhaft erscheinen und bedingen deshalb eine Analyse
der Abgase. Bei der Untersuchung von Wasserstoff, für
welche die beiden Autoren dieses Kalorimeter vorzugsweise
benutzt haben, ist eine unvollkommene Verbrennung ohne
Einflufs auf das Resultat, wenn die verbrannte Gasmenge
aus dem Gewicht des Bildungswassers berechnet wird.

Die vollständige und schnelle Übertragung der erzeugten Wärme auf den zu schmelzenden Eismantel wird durch die enge und lange Form des Gefäßes g, durch seine Wasserfüllung und die obenliegende Eisschicht in hohem Grade begünstigt, so daß der Wärmeaustausch mit der Luft auf ein geringes Maß reduziert ist.

Die Temperatur der Abgase ist natürlich von Einfluß, wenn dieselbe von der der zugeführten Gase verschieden ist.

Die Messung der übertragenen Wärmemenge, die durch die Gewichtsbestimmung des eingesogenen Quecksilbers vorgenommen wird, läßt sich mit großer Genauigkeit ausführen.

Es wurden z. B. pro Versuch 4,5 Kal. erzeugt und hierbei ca. 67 g Quecksilber eingesogen. Ein Wiegefehler von 0,01 g würde dann einen Fehler in der Gewichtsbestimmung von nur 0,015 % hervorrufen. Ein anderer Fehler könnte dadurch entstehen, daß die Quecksilberkuppe an dem Eintauchende des Röhrchens r vor und nach dem Versuche verschieden ist. Nimmt man den Querschnitt von r zu 1 qmm und den Unterschied in der Höhe der Kuppe zu 1 mm (also sehr hoch) an, so ergibt sich ein Fehler von 13 mg, also gleich 0,02 % der gesamten Quecksilbermenge. Es ist somit auch dieser Fehler sehr gering.

Größer ist der Fehler, der bei der Messung der zu verbrennenden Gase entstehen kann, nämlich dadurch, daß Temperatur und Druck in dem Meßgefäß nicht konstant bleiben. Hier verursacht zum Beispiel ein Temperaturfehler von 1^0 eine Abweichung von 1/273 = ca. 0,35 %.

Die Anwendung dieses Kalorimeters beschränkt sich auf gasförmige Brennstoffe; bei flüssigen und festen Brennstoffen gestaltet sich seine Verwendung sehr schwierig, wenn nicht ganz unmöglich.

Wegen der Genauigkeit, die sich bei dem beschriebenen Kalorimeter erreichen läßt, hat dasselbe für physikalisch wissenschaftliche Zwecke, und zwar speziell für die Untersuchung von Wasserstoff mehrfach Anwendung gefunden.

Für den technisch wissenschaftlichen und besonders für den industriellen Gebrauch dürfte sich dasselbe wegen der

grofsen Anforderungen, die an die Genauigkeit der Wägungen
und Messungen gestellt werden, sowie wegen der Umständlichkeit, die mit der Untersuchung der Abgase und der Erzeugung der Eismäntel verbunden ist, kaum eignen.

b) Messung der entwickelten Wärmemenge durch
Temperaturerhöhung des flüssigen Wassers.

Die Ausführung der ersten Heizwertbestimmungen, bei
denen die entwickelte Wärme durch die Temperaturerhöhung
einer bestimmten Wasser-
menge gemessen wurde, geschah
derart, dafs der Brennstoff unter-
halb des Wassergefäfses zur
Verbrennung gebracht und die
Wärme der Verbrennungsprodukte durch Schlangenrohre an
das Wasser abgegeben wurde.

Rumford[1]) benutzte bei
seinen im Jahre 1813 vorgenommenen vergleichenden Untersuchungen von Holzkohle und
verschiedenen Holzarten das in
Figur 4 dargestellte Kalorimeter.

Ein parallelopipedischer Ka-
sten aus Blech dient als Wasser-

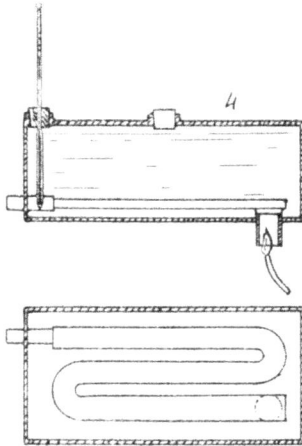

Fig. 4.

behälter. In demselben ist nahe
am Boden ein flaches Schlangenrohr angebracht, unter dessen
nach unten gerichteten Öffnung der zu untersuchende Stoff
verbrannt wird. Das zur Temperaturmessung des Wassers
dienende Thermometer hat ein zylindrisches Quecksilbergefäfs
von der Höhe des Wasserbehälters, um die verschiedenen Temperaturen in den einzelnen Wasserschichten zu berücksichtigen.

Den Einflufs der Aufsentemperatur auf das Kalorimeterwasser eliminierte Rumford dadurch, dafs er die Temperatur
des Wassers zu Beginn des Versuches um so viel niedriger

---

[1]) Gilberts Ann. 1813, XLIV, S. 1; XLV, S. 28; XLVI, S. 225.

als die Raumtemperatur wählte, wie sie nach dem Versuch
dieselbe übersteigen sollte.

Ein dem R u m f o r d schen Apparate nachgebildetes Kalorimeter, jedoch von größeren Dimensionen, wurde von Dr.
A. U r e [1]) (1839) zu Heizwertbestimmungen von Kohlen benutzt.

Die Verbrennung geschah hier in einem kleinen unter-
halb des Wassergefäßes liegenden Verbrennungsraum, aus
welchem die verbrannten Gase in ein Schlangenrohr gelangten
und ihre Wärme an die 300—400 kg betragende Wasserfüllung der Wanne abgaben. Durch die Zuführung der Verbrennungsluft mittels Gebläse und geeignete Dimensionierung
der Schlangenrohre war es U r e möglich, die Temperatur der
Abgase ungefähr gleich der Lufttemperatur zu halten und dadurch den Einfluß derselben auf den Heizwert möglichst
auszuschalten.

B a r g u m [2]) (1856) nahm eine Verbesserung dieses Kalorimeters in der Weise vor, daß er den bis dahin von dem
Wasserbehälter getrennten Verbrennungsraum in denselben
einbaute und zwar so, daß nur 2 Seiten — die untere Seite
und die Feuertürseite — mit der Außenluft in Berührung
standen.

Die Besprechung dieser 3 Kalorimeter erledigt sich ge-
meinsam mit der der folgenden. Hier soll nur der Einfluß
erwähnt werden, den die Lage des Verbrennungsraumes aus-
übt. ·Eine vollständige Abgabe der entwickelten Wärme an
das Kalorimeterwasser ist nämlich ausgeschlossen, weil ein
großer Teil derselben bei R u m f o r d durch die Strahlung
der Flamme, bei U r e — und in geringerem Maße auch bei
B a r g u m — durch Strahlung des hocherhitzten Verbrennungsraumes an die Außenluft abgegeben wird.

Bei U r e ist ferner von großem Einfluß der Wasserwert
des Verbrennungsraumes, weil dieser eine sehr hohe Temperatur und ein verhältnismäßig großes Gewicht hat. Nimmt

---

[1]) Dingl. 1840, LXXV, S. 48 *.
[2]) Mitteilungen des Gewerbevereins für das Königreich Hannover
1856, S. 156 *.

man z. B. das Gewicht des aus S t e i n e n bestehenden Ofens
mit 5 kg, seine spezifische Wärme zu 0,2 und seine mittlere
Temperatur am Anfange des Versuches zu 0, am Schlusse
zu 300⁰ an, so hat derselbe während des Versuches zirka
300 Kal. aufgenommen. U r e entwickelte nun pro Versuch
aus 0,33 kg Anthrazit ca. 2700 Kal., so daſs die nicht zur
Messung gelangte Wärme — unter der obigen Annahme —
ca. 11 % der erzeugten betragen würde. Natürlich verkleinert
sich dieser Fehler, wenn der Verbrennungsraum vor dem
Versuch angeheizt wird.

Ein groſser Fortschritt gegenüber vorstehenden Apparaten
wurde erreicht durch die Verlegung des Verbrennungsraumes
in das Wassergefäſs, so daſs der-
selbe von Wasser vollständig um-
spült wurde.

D u l o n g[1]) (1837) verwendete zuerst ein derartiges Kalorimeter (Fig. 5) und nahm mit
demselben die ersten umfang-
reichen und genaueren Heizwertbestimmungen vor.

Dem von Wasser umgebenen
Verbrennungsraum *A* wird der
Sauerstoff durch Rohr *B* zugeführt; die Verbrennungsgase entweichen durch das schlangen-
förmige Rohr *DEG*. In dem
Verbrennungsrau verbranntem D u l o n g gasförmige Brennstoffe
aus einer spitzen Röhre, flüssige mittels eines eingetauchten
Baumwollfadens und feste Körper in pulverisiertem Zustande
in einer Schale.

Das D u l o n g sche Kalorimeter wurde abgeändert und
vervollkommnet durch F a v r e und S i l b e r m a n n[2]) (1852).
Da die von diesen beiden Physikern getroffene Einrichtung
für die meisten späteren Apparate, die auf der Verbrennung
unter konstantem Druck beruhen, vorbildlich geworden ist,

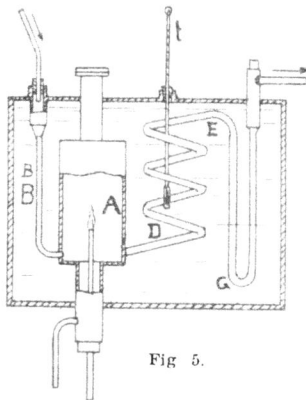

Fig 5.

---

1) Poggend. Ann. 1838, XLV, S. 461.
2) Ann. de chimie et de phys. 1852, XXXIV, S. 357*.

mag eine genauere Beschreibung hier folgen. Fig. 6 zeigt den ganzen Apparat, Fig. 7 die Verbrennungskammer in gröfserem Mafsstabe nach Scheurer-Kestner. In Figuren 8, 9 und 10 sind die zur Verbrennung dienenden Behälter dargestellt und zwar zeigt Fig. 8 den für flüssige Brennstoffe, Fig. 9 für Schwefel und Fig. 10 für Kohle. Der zur Ver-

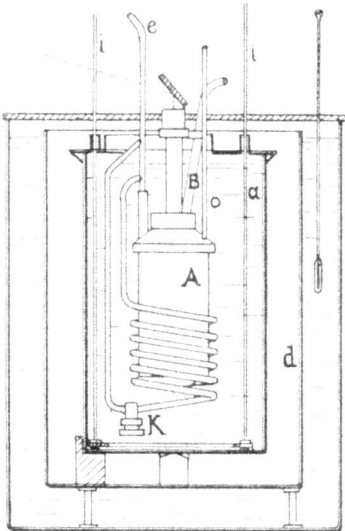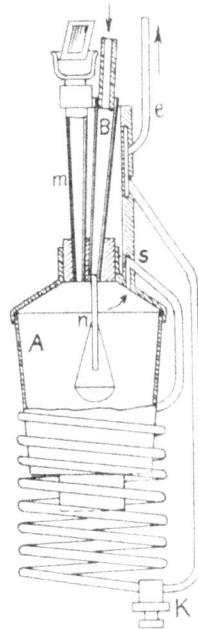

Fig. 6. Fig. 7.

brennung dienende Sauerstoff wird bei Favre & Silbermann durch das Rohr O (Fig. 6), das zu untersuchende Gas durch das Rohr B zugeführt.

Scheurer-Kestner führte bei der Heizwertbestimmung fester Körper behufs Erzielung einer besseren Verbrennung den Sauerstoff durch Rohr B (Fig. 7) von oben her bis dicht auf den in einer Platinschale befindlichen Brennstoff.

Die Verbrennungsprodukte entweichen durch das am Deckel mündende Rohr s, durchziehen das nach unten führende Schlangenrohr, den Behälter k für das Kondenswasser und gelangen durch das Rohr e zu den Absorptionsapparaten. In letzteren wird der Gehalt an unverbrannten Bestandteilen und Wasserdampf ermittelt. In den Verbrennungsraum führt noch ein Rohr m, welches oben mit einer Glasplatte verschlossen ist, und das die Beobachtung des Verbrennungsvorganges gestattet. Die ganze Verbrennungskammer ist an dem Deckel des kupfernen Wassergefäßes a befestigt, welcher entsprechende Öffnungen für ein Thermometer, den Rührer i und die nach aufsen führenden Röhren der Verbrennungskammer besitzt. Das Gefäß a steht auf Korkfüßen in einem mit Schwanenpelz ausgekleideten Kupferzylinder d, der einerseits wieder in einem dritten mit Wasser gefüllten Gefäß sich befindet.

Fig. 8.   Fig. 9.   Fig. 10.

F. und S. verbrannten pro Versuch ca. 3—4 g gasförmige, 2 ccm flüssige bzw. teigige oder 2—3 g feste Brennstoffe und erreichten dadurch eine Temperaturerhöhung des Kalorimeterwassers von 4—8°. Die Dauer eines Versuches ohne Untersuchung der Abgase betrug annähernd 20 Minuten.

Schwackhöfer[1]) änderte den Verbrennungsraum dahin ab, daß er aufser der zu untersuchenden Kohle oberhalb derselben Zuckerkohle verbrennen konnte. Hierdurch sollte die vollkommene Verbrennung der Kohle befördert werden. Aufserdem verwendete er eine gröfsere Brennstoffmenge, nämlich 5—6 g Mineralkohle und 2—4 g Zuckerkohle, wodurch die Dauer des Versuches auf eine Stunde ausgedehnt wurde.

W. Alexejew[2]) (St. Petersburg 1886) stellte den Verbrennungsraum aus Glas her, um den Gang der Verbrennung besser beobachten zu können. Während F. u. S. die Kohle in fein gepulvertem Zustande zur Verbrennung brachten, wandte Alexejew körnige Kohle von 2,5—3 mm Korngröfse an;

[1]) Zeitschr. für analyt. Chemie 1884, S. 453.
[2]) Ber. der deutsch. chem. Gesellsch. 1886, S. 1557.

diese brachte er in einem Platinnetz durch Platinschwamm und Wasserstoff zur Entzündung. Die Brennstoffmenge betrug pro Versuch 0,5—1 g Kohle und 20—40 ccm Wasserstoff, wodurch eine Temperaturerhöhung des Kalorimeterwassers von 1,5—2⁰ erzielt wurde.

Ein von dem Favre u. Silbermannschen in der Form abweichendes, im Prinzip aber gleiches Kalorimeter wurde von Julius Thomsen[1]) in den 70er Jahren benutzt.

Derselbe leitete in eine ganz unter Wasser getauchte Platinkugel von ca. $^1/_2$ l Inhalt durch zwei Rohre das zu untersuchende Gas und den zur Verbrennung nötigen Sauerstoff. Das Kalorimeterwasser betrug ca. 3 kg und seine Temperaturerhöhung pro Versuch ca. 3⁰. Für flüssige Brennstoffe benutzte Thomsen einen eigens konstruierten Brenner (brûleur universel), in welchem dieselben durch elektrischen Strom oder eine Wasserstoffflamme unter Berücksichtigung dieser Wärmeeinflüsse verdampft wurden und dann zur Verbrennung gelangten.

Für gröfsere Kohlenmengen wurde vom Kalorimeterkomitee des Österreichischen Ingenieur- und Architektenvereins[2]) ein Kalorimeter vorgeschlagen, das aus einem kleinen stehenden Kessel besteht. Die Rauchgase gelangen aus dem engen Verbrennungsraum in Schlangenrohre, in welchen sie ihre Wärme an das Wasser abgaben.

Ein einfaches Kalorimeter hat W. Thomson[3]) angegeben. Er verbrennt nämlich in einer in das Kalorimetergefäfs eingetauchten unten offenen Glocke die Kohle durch aufgeleiteten Sauerstoff. Die Verbrennungsprodukte überschreiten den unteren Rand der Glocke und steigen als Blasen im Wasser auf, dabei ihre Wärme an letzteres abgebend.

In allen vorerwähnten Kalorimetern lassen sich gasförmige und leichte flüssige Brennstoffe vollkommen verbrennen; dagegen bleibt bei der Verbrennung von Kohlen fast stets ein

---

¹) Poggend. Ann. 1873, CXLVIII, S. 180*, 368.
²) Z. d. Österr. Ing.- u. Arch.-Ver. 1882, S. 31.
³) Eng. 1886, XLII, 507.

sehr schwer verbrennbarer Koks in der Asche zurück. Die
Abgase zeigen ebenfalls bei den Versuchen mit Kohle unverbrannte Teile.

So betrug z. B. bei einem Versuche von Favre u. Silbermann[1]) die vom Kalorimeterwasser aufgenommene Wärme
18,2 Kal., während die in den Abgasen enthaltenen unverbrannten Gase (CO u. H) noch 1,7 Kal. enthielten. Letzterer
Betrag, der ca. 10% der gesamten entwickelten Wärme ausmacht, mußte also durch Analyse bestimmt werden.

Bei dem vom österreichischen Kalorimeterkomitee vorge-
schlagenen Kalorimeter, das, soweit aus der Literatur ersichtlich, gar nicht ausgeführt wurde, ist der Verbrennungsraum
so klein, daß eine freie Flammenentwicklung und damit eine
vollkommene Verbrennung als ausgeschlossen zu betrachten ist.

Schwackhöfer kann in seinem Kalorimeter eine vollkommene Verbrennung der Kohlen nur aufrechterhalten
durch eine sorgfältige, viele Übung erfordernde Regelung des
Verbrennungsvorganges, sowohl bei dem zu untersuchenden
Brennstoffe, als auch bei der Zuckerkohle.

Auf die Untersuchung der Abgase auf unverbrannte Teile
verzichtet W. Thomson von vornherein, weil er sein Kalorimeter nur »for popular use« angewendet wissen will.

Der Schutz des Wasserbehälters gegen Wärmeaustausch
mit der Umgebung, der bei den Kalorimetern von Rumford,
Ure, Bargum und Dulong nicht vorhanden war, ist bei
den übrigen in sorgfältiger Weise bewirkt worden. Trotzdem
macht sich der Einfluß der Außentemperatur auf das Kalorimeterwasser bemerkbar und zwar mit einem um so höheren
Betrage, je länger die Dauer des Versuches ist.

Den Einfluß der vielen nach oben herausragenden Röhren
bei dem Favre u. Silbermannschen und dem Schwack-
höferschen Kalorimeter hat Fischer[2]) zu verringern ge-
sucht, indem er die Anzahl dieser Röhren auf ein Minimum
beschränkte und in dieselben schlechte Wärmeleiter in der
Höhe des Wasserspiegels einschaltete. (Fig. 11.)

---

[1]) Fischer, Chem. Technologie der Brennstoffe I, S. 153.
[2]) Fischer, Chem. Technologie der Brennstoffe I, S. 159 *.

Eine weitere Fehlerquelle liegt bei allen Kalorimetern, bei welchen die Verbrennung unter konstantem Druck statt‑ findet, in der Verschiedenheit der Abgastemperatur von der der zugeführten Luft begründet. Über den Einfluſs dieser Temperaturdifferenz gibt nachstehende Überlegung einen Anhalt.

Es sei — bezogen auf 1 kg verbrannter Kohle von 7500 Kal. — die Rauchgasmenge bei der Verbrennung mit Luft 20 kg, mit Sauer‑ stoff 5 kg, bei einer spezifischen Wärme $c_p \sim$ 0,23. Es beträgt dann der durch die Rauch‑ gase abgeführte Teil der entwickelten Wärme pro 1^0 Differenz mit der zugeführten Luft — 0,065 $^0/_0$ bzw. 0,015 $^0/_0$ des Heizwertes.

Um den durch die höhere Temperatur der Rauchgase hervorgerufenen Fehler also nicht höher als z. B. 0,1 $^0/_0$ werden zu lassen, dürfte die Temperaturdiffe‑ renz mit der zugeführten Luft bei dem oben angenom‑ menen Luft‑ bzw. Sauerstoff‑ verbrauch nicht gröſser als 1,5 bzw. 6,5 ^{0} sein.

Auch der Feuchtig‑ keitsgehalt der Abgase

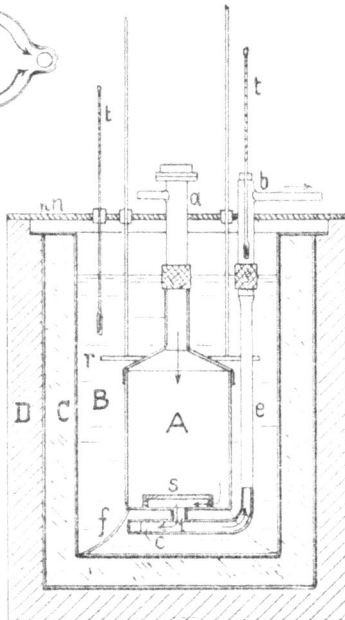

Fig. 11.

gegenüber dem der zugeführten Luft beeinfluſst die Gröſse des ermittelten Heizwertes und zwar um den Betrag der latenten Wärme des Feuchtigkeitsüberschusses. Ist z. B. die relative Feuchtigkeit der Verbrennungsluft gleich der der Abgase und sind die Temperaturen verschieden, so beträgt bei 100 $^0/_0$ Feuchtigkeit, 18^0 Lufttemperatur und 1^0 Temperaturdifferenz der Unterschied in der Wassermenge 0,00085 kg/cbm oder bei

$\gamma = 1{,}4 \cdot 0{,}0006$ kg pro 1 kg Abgase; dieses entspricht einem Einfluſs auf den Heizwert von:

0,095 % bei 20 kg Abgasen für 1 kg Kohlen oder
0,024 »   »   5 »   »   » 1 »   »

Eine relative Feuchtigkeit der Abgase von 100 % und der Luft von 50 % (beide bei 18°) äuſsert sich auf den Heizwert mit:

0,86 % bei 20 kg Abgasen für 1 kg Kohlen oder
0,22 »   »   5 »   »   » 1 »   »

Die Bestimmung der vom Kalorimeter aufgenommenen Wärme geschieht bei den in diesem Abschnitt behandelten Apparaten durch Messen der Wassermenge und seiner Temperaturerhöhung unter Berücksichtigung des Wasserwertes der Kalorimeterteile.

Die Wassermenge läſst sich durch Wägen mit groſser Genauigkeit ermitteln. Bei 1 kg Wasserfüllung ergibt ein relativ groſser Wiegefehler von 1 g nur 0,1 % Abweichung im Resultat. Der Einfluſs, den eine Ungenauigkeit in der Wasserwertbestimmung der Apparate hervorruft, ist um so bedeutender, je gröſser das Gewicht des Apparates im Verhältnis zu seiner Wasserfüllung ist.

Bei dem von Scheurer-Kestner verwendeten Favre-u. Silbermannschen Kalorimeter betrug z. B. der Wasserwert 5 % des Wasserinhaltes. Ein Fehler von 4 % in der Wasserwertbestimmung hat demnach eine Ungenauigkeit im Heizwert von 0,2 % zur Folge. Ein solcher Fehler kann aber schon entstehen durch die Vernachlässigung des Wasserwertes eines gröſseren Thermometers. Bei Scheurer-Kestner betrug letzterer z. B. 4,47 g = 3,9 % des Wasserwertes des Apparates. (114 g.)

Die Temperaturmessung des Kalorimeterwassers war bei Dulong ungenau, weil in Ermangelung eines Rührers das Thermometer nur die an einer bestimmten Stelle herrschende Wassertemperatur angab. Eine Ungenauigkeit von 0,5°, die hier leicht eintreten konnte, ergab bei 8° Temperaturerhöhung schon einen Fehler von 6 %.

Bei den Versuchen von Thomsen betrug die Temperaturerhöhung nur 3⁰. Er mußte also, um den Fehler unter 0,5⁰/₀ zu halten, die Temperaturbestimmung mit einer Genauigkeit von 0,015⁰ vornehmen.

Die übrigen Autoren arbeiteten mit einer Temperaturerhöhung von 4—8⁰ unter Anwendung eines Rührers; dieselben mußten also bei einem zugelassenen Fehler von 0,5⁰/₀ die Temperaturbestimmung auf 0,02—0,04⁰ genau vornehmen.

Die Bestimmung der zur Verbrennung gelangten Brennstoffmenge wird bei flüssigen und festen Brennstoffen durch Wägung, bei gasförmigen durch Volumenmessung bewirkt und ist bei Beobachtung der nötigen Vorsicht mit großer Genauigkeit möglich.

Bei festen und schwereren flüssigen Brennstoffen tritt eine Komplikation dadurch ein, daß die in den Rückständen und Verbrennungsgasen noch enthaltenen unverbrannten Gase besonders bestimmt werden müssen.

Dieser Umstand beeinträchtigt die Einfachheit in der Handhabung aller dieser Kalorimeter. Bei Schwackhöfer und Alexejew kommt noch hinzu die Umständlichkeit, die mit der Berücksichtigung der zugesetzten Zuckerkohle bzw. des Wasserstoffes verbunden ist.

Verschiedene Physiker haben versucht, den zur Verbrennung notwendigen Sauerstoff nicht in freiem, sondern in gebundenem Zustande dem Brennstoffe zuzuführen. Zu diesem Zwecke mischen sie letzteren mit sauerstoffabgebenden Substanzen.

So bediente sich Frankland[1]) (1866) des chlorsauren Kaliums ($KClO_3$) bei seinen Versuchen über die Verbrennungswärme der menschlichen Nahrungsmittel.

F. Stohmann[2]) (1879) und Lèwis Thompson[3]) benutzten ebenfalls $KClO_3$ in einem verbesserten Frankland - schen Kalorimeter.

---

[1]) Jahresbericht der Chemie 1866, S. 732.
[2]) Journal für prakt. Chemie, XIX, S. 115*.
[3]) Scheurer-Kestner, Pouvoir calorif., S. 66*.

Dieses Verfahren hat verschiedene Nachteile. Zunächst ist die Zersetzungswärme des Chlorkaliums nicht hinreichend genau bekannt. Ferner können die Verbrennungsprodukte gar nicht oder nur schwer untersucht werden, da dieselben in ähnlicher Weise wie bei dem auf Seite 21 erwähnten Thomsonschen Kalorimeter das Kalorimeterwasser in Blasen durchströmen und in diesem teils absorbiert werden, teils ins Freie entweichen. Stohmann selbst gibt an, daſs im günstigsten Falle nur die Hälfte aller Versuche zur Ableitung brauchbarer Durchschnittszahlen Verwendung finden können.

Es ist demnach diese Methode, die speziell zur Untersuchung von Nahrungsmitteln ausgebildet wurde, für Heizwertbestimmungen technischer Brennstoffe kaum zu empfehlen.

c) Messung der entwickelten Wärmemengen durch die beim Verdampfen des Wassers gebundene Wärme.

Die Versuche, bei denen die beim Übergang des Wassers in Dampf gebundene Wärme als Maſsstab für die Heizwertbestimmungen benutzt worden ist, wurden hauptsächlich bei festen und teilweise auch bei flüssigen Brennstoffen vorgenommen, und zwar entweder an Dampfkesseln, die im gewerblichen Betriebe sich befanden, oder an diesen nachgebildeten Versuchskesseln.

Nach dieser Methode scheint die erste in der Literatur bekannt gewordene Heizwertbestimmung vorgenommen worden zu sein und zwar durch Smeaton[1] (1772), welcher fand, daſs die »Verdampfungskraft« von 1 kg Kohle imstande sei, 7,88 kg Wasser von 100 ⁰ zu verdampfen. Dieses entspricht einem Heizwert von $7,88 \cdot 536 = 4200$ Kal.

In Amerika stellte im Jahre 1845 Johnson[2] im Auftrage des Marinedepartements der Vereinigten Staaten vergleichende Untersuchungen über Steinkohlen an, deren Heizwerte in einem besonders konstruierten und regulierbaren

---

[1] Fischer, Chem. Technologie der Brennstoffe I, S. 130.
[2] Dingl. 1845, XCVIII, S. 133.

Dampfkessel bestimmt wurden. Er verbrannte im Mittel 450 kg Kohlen pro Versuch. Die Abgase wurden nicht untersucht.

De la Beche & Playfair[1]) (England) bedienten sich ebenfalls eines besonderen Versuchskessels, nachdem sie mit Laboratoriumsbestimmungen keine befriedigenden Resultate erzielt hatten. Die Versuche wurden zwar mit grofser Sorgfalt ausgeführt, doch wurde auf den Einflufs der Rauchgase nicht die nötige Rücksicht genommen. Die Dauer jedes Versuches betrug $1^1/_2$—2 Tage.

Marozeau[2]) (1850) benutzte einen im Betriebe befindlichen Dampfkessel von 30—33 qm Heizfläche. Den Luftüberschufs bestimmte er aus der Wärmemenge, welche die Abgase an einen Vorwärmer bei beobachteter eigener Temperaturerniedrigung abgaben. Die Dauer eines Versuches belief sich auf 24 Stunden.

Ohne Rücksicht auf die Rauchgase wurden Heizwertmessungen von Brix[3]) in einem besonderen Versuchskessel ausgeführt, wobei pro Versuch 200—500 kg Kohle zur Verbrennung gelangten.

Auf die Erfahrung Brix' fufsend, stellte Hartig[4]) umfangreiche Heizwertbestimmungen mit einem Betriebskessel an. Er verbrannte pro Versuch (24 Stunden) bedeutend gröfsere Kohlenmengen als seine Vorgänger (1500 kg). Die Rauchgase wurden aber ebenfalls nicht analysiert und ihre Temperatur nur 2—3 mal im Tage bestimmt.

In neuerer Zeit haben Scheurer-Kestner[5]) und Fischer[6]) zahlreiche Heizwertuntersuchungen an Dampfkesseln vorgenommen, bei denen die Rauchgase nach Menge, Zusammensetzung und Temperatur berücksichtigt wurden.

---

[1]) Dingl. 1848, CX, S. 212; 1849. CXIV S 345.

[2]) Bull. Muhlh. XXXIII, S. 439.

[3]) Brix, Untersuchungen über die Heizkraft der Brennstoffe Preufsens. Berlin 1853.

[4]) Hartig, Untersuchungen über die Heizkraft der Steinkohlen Sachsens. Leipzig 1860.

[5]) Scheurer-Kestner, Pouvoir calorifique. Paris 1896.

[6]) Fischer, Chem. Technologie der Brennstoffe I.

Bei allen Dampfkesselfeuerungen ist eine vollkommene Verbrennung mit Sicherheit nicht zu erzielen. Es ist deshalb eine Untersuchung der Rauchgase, der Flugasche und der vom Rost entfernten Asche auf brennbare Bestandteile notwendig. Die Größe der durch die unvollkommene Verbrennung bewirkten Verluste ist bei den verschiedenen Kesselanlagen sehr verschieden.

Nach F i s c h e r [1]) beträgt der Verlust durch Rußbildung kaum mehr als 2 %. Infolge Kohlenoxydbildung sind bei schlechten Feuerungen Verluste bis zu 35 % des Heizwertes der Kohlen festgestellt. Die durch den Rost fallenden unverbrannten Kohlenstückchen können den Heizwert (nach der angezogenen Quelle) um 5—8 % beeinflussen.

Die vollständige Abgabe der entwickelten Wärme an das Kesselwasser erleidet eine Beeinträchtigung durch folgende Faktoren:

1. Die mit hoher Temperatur vom Roste entfernte Asche entführt eine gewisse Wärmemenge; doch ist diese wegen der geringen spezifischen Wärme dieser Teile gering, zumal die in den Aschenfall gelangenden Rückstände ihre Wärme noch zum größten Teil an die Verbrennungsluft abgeben.

2. Von größerem Einfluß sind die Wärmemengen, welche infolge der höheren Temperatur der R a u c h - g a s e in den Schornstein entweichen und in seltenen Fällen weniger als 10 % der entwickelten Wärme betragen. So ist z. B. bei 20 kg Abgasen pro 1 kg Kohlen, 270 ° Rauchgastemperatur, 20 ° Lufttemperatur und $c_p = 0{,}23$ der Verlust:

$$\frac{20 \cdot 0{,}23 \cdot 250}{7500} \backsim 15\,\%.$$

Zur genauen Bestimmung dieses Einflusses ist notwendig die Kenntnis der Menge, Zusammensetzung, Temperatur und der mit der Temperatur sich ändernden spezifischen Wärme der Rauchgase.

---

[1]) F i s c h e r , Chem. Technologie der Brennstoffe I, 138.

3. In den meisten Fällen völlig unbestimmbar und nur
als Restglied festzustellen sind die durch Leitung
und Strahlung verloren gehenden Wärmemengen.
Dieselben betrugen bei den Versuchen Scheurer-
Kestners im Durchschnitt ca. 25 $\%$.

Die Messung der auf das Kesselwasser übertragenen
Wärme ist mit folgenden Ungenauigkeiten verbunden:

1. Der Wasserstand eines Kessels läfst sich wegen der
Bewegungen im Wasserspiegel nicht genau ablesen.
Es beträgt z. B. bei 1 qm Wasserspiegel und einer
Ungenauigkeit in der Ablesung von 1 mm der Fehler
in der Wassermessung 1 kg. Soll dieser Fehler nur
1 $\%$ des Heizwertes ausmachen, so mufs die pro
Versuch verdampfte Wassermenge mindestens 100 kg
und die verbrannte Kohlenmenge — ohne Rücksicht
auf Verluste — 7 kg pro 1 qm Wasserspiegel betragen.

2. Etwaige, an den unzugänglichen Stellen des Kessels
vorhandene oder während des Versuches eintretende
Undichtigkeiten können ebenfalls die Resultate beeinträchtigen.

3. Der mit der Temperatur veränderliche Wasserinhalt
des Kessels ist nur von Einflufs, wenn bei Beginn
und Ende des Versuches verschiedene Temperaturen
herrschen.

4. Das vom Dampfe mitgerissene unverdampfte Wasser
ist nur schwer und mit geringer Genauigkeit der
Messung zugänglich.

5. Störungen des Beharrungszustandes durch Änderung
im Wärmeinhalt des Kessels und des Mauerwerks
können ebenfalls die Resultate beeinträchtigen. Die
mittlere Temperatur des Kesselwassers ist infolge der
intermittierenden Speisewasserzuführung Schwankungen unterworfen, die bei unachtsamer Heizung
noch vergröfsert werden. Ist z. B. der Unterschied
in der mittleren Wassertemperatur bei Beginn und
Ende des Versuches 10 ^{0}, so beträgt bei einem Wasser-

inhalt des Kessels von 2000 kg der Fehler 20000 Kal.
Soll dieser Fehler das Resultat um weniger als $1\,^0/_0$
beeinflussen, so müssen mindestens 270 kg Kohlen
à 7500 Kal. pro Versuch verbrannt werden.

Die Gröfse des Fehlers, der durch die Änderung im
Wärmeinhalte des Kesselmauerwerks hervorgerufen wird, ist
von der aufmerksamen und gleichmäfsigen Bedienung der
Feuerung abhängig und kann nur durch umständliche Temperaturmessungen annähernd bestimmt werden.

Wie aus der grofsen Zahl der zum Teil bedeutenden und
unübersichtlichen Fehlerquellen hervorgeht, dürfte die Heizwertbestimmung der Brennstoffe durch Dampfkesselversuche
den Anforderungen an gröfsere Genauigkeit nicht gerecht
werden.   Einer allgemeinen Anwendung stehen aufserdem
entgegen die Umständlichkeit, lange Dauer und Kostspieligkeit der eigentlichen Versuche und der Nebenarbeiten.

Um die Fehler- bzw. Verlustquellen übersichtlicher zu
gestalten, sind von verschiedenen Seiten kleinere Versuchskessel konstruiert worden, welche — zwischen den grofsen
Dampfkesseln und den kleinen Laboratoriumskalorimetern
stehend — die Beobachtung der oben besprochenen Einflüsse
erleichtern sollen.

Deville[1] (1869) benutzte zur Heizwertbestimmung von
technischen Ölen einen kleinen Röhrenkessel — ähnlich einem
Lokomotivkessel — mit einem gemauerten Verbrennungsraum.
Der Kessel war mit einem Wassermantel umgeben, und zwar
in der Form eines um denselben gewickelten Bleirohres,
durch welches das Speisewasser zugeführt wurde.   Der im
Kessel entwickelte Dampf wurde aufserhalb desselben kondensiert, gemessen und durch die Bleirohrleitung wieder in
den Kessel gedrückt.

Die von einem Ventilator gelieferte Verbrennungsluft
konnte durch einen Zerstäuber mit Wasserdampf gesättigt und
durch einen Bunsenbrenner beliebig erwärmt werden.   Die
heifsen Abgase gaben ihre Wärme an einen Kondensator ab,
der — nach dem Gegenstromprinzip eingerichtet — aus einem

---

[1] Dingl. 1869, CXCII, S. 204.

System von wasserbespülten Platten bestand, zwischen denen die Gase durchströmten. Die Menge des kontinuierlich fliefsenden Rieselwassers und seine Temperaturerhöhung ergaben die in den Abgasen enthaltene Wärme.

Das zur Verbrennung gelangende Öl wurde in einem graduierten Gefäfs gemessen, aus welchem dasselbe durch eine Mariottesche Flasche dem Verbrennungsraum zuflofs. Die bei einem Versuch nach Erreichung des Beharrungszustandes verbrannte Ölmenge betrug 8—16 kg in 2—3 Stunden.

Nach den Angaben Devilles soll die Verbrennung der Öle in dem grofsen Verbrennungsraum in vollkommener Weise erfolgt sein.

Der Wärmeaustausch mit der Umgebung ist durch den Wassermantel stark reduziert worden, wenn derselbe auch infolge des Freibleibens der Feuertür und des Aschenfalles nicht ganz vermieden wurde.

Durch Gleichhalten der Temperatur der zugeführten Luft und der Abgase, sowie durch Sättigung beider mit Wasserdampf war ein wesentlicher Einflufs auf die Resultate von dieser Seite ausgeschlossen, zumal die spezifische Wärme der hauptsächlich aus CO_2, N und Luft bestehenden Abgase ungefähr gleich der der Luft ist.

Die Beobachtung der erzeugten Wärmemenge in zwei verschiedenen Abschnitten, nämlich durch Messung des entwickelten Dampfes und der Temperaturerhöhung des zur Kühlung der Rauchgase verwendeten Wassers, bedingt eine Komplikation des Apparates.

Die Dampfmenge ist wegen des mitgerissenen Wassers nicht genau zu bestimmen, dagegen wird die Wärme der Abgase infolge der Anwendung des Gegenstromprinzips ziemlich vollständig von dem Kühlwasser aufgenommen und genau gemessen.

Der Brennstoffverbrauch ist, da die Öle vollständig verbrennen, mit hinreichender Genauigkeit festzustellen.

Das Kalorimeter von Deville dürfte für manche praktische Fälle von Heizwertbestimmungen genügen. Einer ausgedehnten Anwendung stehen aber entgegen die lange Dauer

der Versuche und die verhältnismäfsig umständliche Bedienung des Apparates.

Einfacher im Bau, aber ungünstiger in der Wirkungs-
weise ist das Kalorimeter von Bolley[1]). Dasselbe besteht
aus einem kleinen stehenden Dampfkessel von 1,5 m Höhe,
mit innen liegendem grofsem Flammrohr. Die Abgase durchziehen ein in einem langen horizontalen Troge liegendes Rohr
und geben hierbei ihre
Wärme an das in dem
Troge befindliche ruhen-
de Wasser ab.

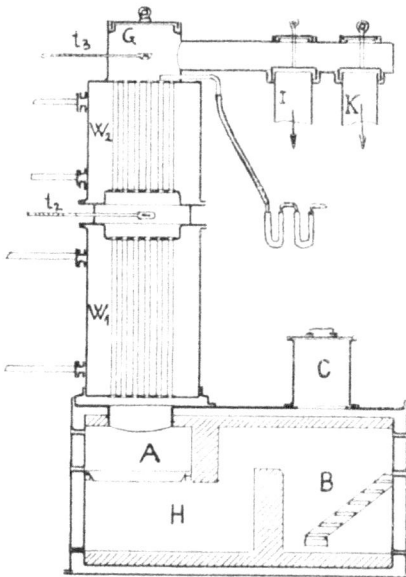

Fig. 12.

Die Unsicherheit in
der Bestimmung der Ab-
gaswärme, die einen
grofsen Prozentsatz des
Heizwertes ausmacht, ist
hier sehr grofs, da die
Temperaturerhöhung
des Kühlwassers in dem
ca. 2 m langen Troge
nur durch mehrere
Thermometer einiger-
mafsen genau bestimmt
werden kann. Die Be-
rücksichtigung des Was-
serwertes dieses grofsen
Troges ist ebenfalls mit
Ungenauigkeiten ver-
bunden. Das mit dem
Dampf mitgerissene flüssige Wasser läfst sich, wie bei allen
Kesseln, nur sehr schwer bestimmen.

Im Jahre 1878 wurde in München[2]) auf Anregung des
dortigen polytechnischen Vereins eine Versuchsstation für
Brennstoffe eingerichtet.

Die Kalorimetereinrichtung derselben (Fig. 12) bestand
aus einem von Wasser umspülten Feuerherd und zwei direkt

---

[1]) Fischer, Chem. Technologie der Brennstoffe I, S. 150*.
[2]) Fischer, Chem. Technologie der Brennstoffe I, S. 161 ff.*

über demselben angeordneten Rauchröhrenkesseln w_1 und w_2, von denen der zweite nach dem Vorbilde von Marozeau (s. S. 27) zur Bestimmung der Rauchgasmenge dienen sollte. Sowohl im Mantel des Feuerherdes, als auch in den Kesseln w_1 und w_2 wurde das Wasser verdampft. Die erzeugte Dampf-menge wurde nicht gemessen, sondern in besonderen Kalori-metern kondensiert. Auf diese Weise erhielt man die im Dampf enthaltene Wärmemenge, ohne das mitgerissene Wasser bestimmen zu müssen.

Bezüglich der vollkommenen Verbrennung gilt bei diesem Apparate das von den Dampfkesseln Gesagte. Die Analyse der Abgase aus den entnommenen Proben dürfte aber keine einwandfreien Mittelwerte ergeben, weil die Rauchgase infolge der Konstruktion des Kessels nicht genügend zur Mischung, vielmehr in geradem Zuge zum Schornstein gelangen.

Die Strahlungsverluste der Anlage sind sehr grofs. Die-selben betrugen z. B. bei einem Versuche[1], in welchem ins-gesamt 806 253 Kal. erzeugt wurden:

im Feuerherd und dessen Kalorimeter   5960 Kal.
» Kessel w_1 »   »   »   53676 »
»   » w_2 »   »   »   27730 »

Zusammen also 86730 Kal., d. s. ca 11 % der gesamten erzeugten Wärme.

Da die Bestimmung dieser Verluste in besonderen Ver-suchen geschehen mufs, ist bei der Übertragung der ent-sprechenden Versuchsergebnisse auf den eigentlichen Haupt-versuch die veränderliche Temperaturdifferenz zwischen Wan-dung und Aufsenluft zu berücksichtigen.

Die durch die Rauchgase infolge ihrer hohen Temperatur entführte Wärmemenge ist sehr grofs, weshalb eine genaue Bestimmung derselben in bezug auf Menge und Temperatur notwendig ist.

Die Ermittelung der Rauchgasmenge durch den Kessel w_2 führte zu keinen brauchbaren Resultaten, weshalb dieselbe aus der Analyse der Abgase vorgenommen wurde. Letztere

---

[1] Fischer. Chem. Technologie der Brennstoffe I, 164.

liefert aber, wie schon erwähnt, keine sicheren Durchschnitts-
werte. Der Wärmeverlust durch die Rauchgase betrug bei
dem schon bereits angezogenen Versuche, in welchem auf
1 kg verbrannter Kohle 21,7 cbm Abgase von 240⁰ und der
mittleren spezifischen Wärme $c_p = 0,307$ Kal./cbm. entwichen :
1492 Kal. pro 1 kg Kohle = 18,5 % des Heizwertes.
Sollte also der Einfluſs der Rauchgase auf den Heizwert 1 %
nicht übersteigen, so muſste die Menge derselben auf mindestens 5,4 % genau ermittelt werden.

Die Messung der auf den Wasserinhalt der Kessel und
des Feuerherdes übertragenen Wärme ist mit hinreichender
Genauigkeit durch die Wärmewertbestimmung des entwickelten
Dampfes möglich.

Etwaige Fehler in der Messung der Brennstoffmenge
lassen sich niedrig halten, denn bei einem Verbrauch von
170 kg pro Versuch würde eine Ungenauigkeit von 1 kg nur
einen Einfluſs von 0,6 % ausüben.

Eine Störung im Beharrungszustande des Apparates durch
Änderung seiner Temperatur während des Versuches kann
von groſsem Einfluſs sein. Denn bei einem Wasserwert der
gesamten Anlage von ca. 5800 kg und bei ca. 800000 pro
Versuch erzeugten Kalorien bewirkt eine Temperaturänderung
des Apparates von 1⁰ einen Fehler von 0,75 %. Eine Temperaturänderung von mehreren Graden kann aber sehr leicht
eintreten.

Die vielen und zum Teil groſsen Fehler bzw. Verlustquellen, die Kostspieligkeit dieses Kalorimeters und die Umständlichkeit seiner Handhabung dürften in hohem Maſse
dazu beigetragen haben, daſs dasselbe keine weitere Verbreitung gefunden hat

2. Verbrennung bei konstantem Volumen.

Mehrere Physiker haben im Gegensatz zu den bisher angeführten Methoden die Verbrennung in vollkommen geschlossenen Gefäſsen, also bei konstantem Volumen
ausgeführt; teils um den Einfluſs der Atmosphärenarbeit aus-
zuschlieſsen, teils um durch Anwendung eines höheren Druckes
eine günstigere Verbrennung zu erzielen.

a) Heizwertbestimmung mittels Eiskalorimeter.

Unter Benutzung des Eiskalorimeters von Schuller und Wartha verwendete v. Than[1]) für die Heizwertbestimmung von Wasserstoff einen Brenner, der von dem in Fig. 3 dargestellten nur wenig abweicht. Den Hahn N liefs derselbe aber geschlossen, so dafs die Verbrennung bei konstantem Volumen erfolgte.

Abgesehen von dieser Art der Anwendung unterscheidet sich das Kalorimeter in nichts von dem Schuller und Warthaschen, und es kann deshalb hier auf die Besprechung des letzteren auf Seite 13 dieser Arbeit verwiesen werden.

b) Heizwertbestimmungen mittels Wasserkalorimeter.

Thomas Andrews[2]) in Belfast (1848) verbrannte, wie beim Eudiometer die zu untersuchenden gasförmigen Brennstoffe zusammen mit Sauerstoff in einem geschlossenen zylindrischen Gefäfs von ca. 380 ccm Inhalt, das ganz in Wasser eingetaucht war. Für feste und flüssige Brennstoffe war das Gefäfs gröfser. Die Entzündung geschah auf elektrischem Wege.

Verbrannt wurden pro Versuch ca. 230 ccm Wasserstoff oder ca. 1 g flüssiger oder fester Brennstoffe, welche eine Temperaturerhöhung des Kalorimeterwassers von ca. 2° bewirkten.

Aimé Witz[3]) (1885) benutzte, ähnlich wie Andrews, ein geschlossenes Gefäfs, welches aber nur für gasförmige Brennstoffe geeignet war.

Eine vollkommene Verbrennung fester und schwerer flüssiger Brennstoffe ist sowohl bei dem Andrewsschen, wie bei allen Kalorimetern, die die Verbrennung mit Luft oder Sauerstoff unter atmosphärischem Druck einleiten, fraglich.

---

[1]) Bericht der deutsch. chem. Gesellsch. 1877, S. 947.
[2]) Poggend. Ann. 1848, LXXV, S. 27*, 244.
[3]) Ann. de chim. et de phys. VI, VI, S. 256*.

In bezug auf Wärmeaustausch mit der Umgebung gilt das weiter oben von den ähnlich konstruierten Kalorimetern Gesagte. Die Wärmeverluste durch entweichende Gase kommen hier nicht in Frage, weil die Verbrennungsprodukte im Kalorimeter verbleiben.

Infolge der in dem kleinen Verbrennungsraum unterzubringenden geringen Sauerstoffmenge ist auch die pro Versuch in Anwendung kommende Brennstoffmenge und damit die Temperaturerhöhung des Kalorimeter-

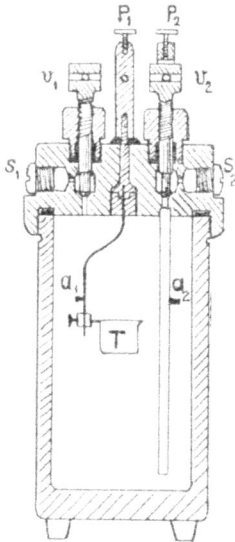

Fig. 13.

wassers sehr gering. Dieser Umstand bedingt eine grofse Genauigkeit in der Temperaturbestimmung des letzteren, die bei 2^0 Temperaturerhöhung und $1\,^0/_0$ geforderter Genauigkeit nur Gesamtabweichungen von weniger als $0,02^0$ aufweisen darf.

Es dürften diese Apparate wegen der Notwendigkeit der Analysen der Verbrennungsprodukte, wegen der Schwierigkeit des Füllens mit Brennstoff und Sauerstoff und wegen der peinlich genauen Temperaturbestimmungen für technische Zwecke kaum weitere Anwendung finden.

Den Hauptnachteil aller bisher besprochenen Methoden der Heizwert- bestimmung, nämlich die unvollkommene Verbrennung der festen und flüssigen Brennstoffe hat Berthe-lot[1]) bei seinem Kalorimeter vermieden und zwar dadurch, dafs er die Verbrennung unter hohem Druck mit grofsem Sauerstoffüberschufs vornimmt. Dadurch erreicht er eine plötzliche lebhafte Verbrennung, die infolgedessen in vollkommener Weise erfolgt. Der Versuch wird, wie folgt, ausgeführt: Man bringt in eine als Verbrennungsraum dienende Stahlbombe den zu untersuchenden Brennstoff und füllt die-

---

[1]) Berthelot, Thermochemische Messungen. Leipzig 1893*.

selbe dann mit komprimiertem Sauerstoff von ca. 25 Atm., wobei die Brennstoffmenge so bemessen wird, dafs die Verbrennungsprodukte noch ca. 60 % freien Sauerstoff enthalten.

Fig. 13 zeigt die von M a h l e r - K r ö c k e r abgeänderte B e r t h e l o t sche Bombe. Der Zylinder und Deckel aus Stahl sind im Innern mit einer säurebeständigen Emaille überzogen. Am Deckel hängt ein Platin- oder Tonschälchen, welches zur Aufnahme des Brennstoffes bestimmt ist. Die Entzündung geschieht, nachdem der Sauerstoff eingelassen und die Ventile geschlossen sind, durch den elektrischen Strom, der einen in den Brennstoff eingelassenen dünnen Eisendraht, dessen Verbrennungswärme berücksichtigt wird, zur Verbrennung bringt.

Die Verbrennung soll, wie in zahlreichen Versuchen nachgewiesen ist, eine vollkommene sein.

Infolge des hohen Sauerstoffdruckes und der dadurch ermöglichten geringen Dimensionen des Kalorimeters sind die Wärmeverluste gering. Aus demselben Grunde ist die Menge des Kalorimeterwassers klein und daher deren Temperaturerhöhung trotz der verhältnismäfsig geringen Brennstoffmenge grofs.

Wegen der sicher erreichbaren vollkommenen Verbrennung der festen Brennstoffe und der verhältnismäfsig einfachen Handhabung und kurzen Dauer der Versuche hat die B e r t h e l o t sche Bombe sowohl für rein wissenschaftliche als auch für technische Heizwertbestimmungen die weiteste Verbreitung gefunden. Dieselbe dürfte zurzeit der geeignetste Apparat für die Heizwertbestimmungen f e s t e r Brennstoffe sein.

Für gasförmige Brennstoffe ist sie dagegen weniger geeignet. Denn da die Gase — im Gegensatz zu den festen Körpern — am vollkommensten mit geringem Sauerstoffüberschufs verbrennen, ist die Anwendung hoher Drücke nur möglich, wenn auch das Gas komprimiert wird. Dieses erfordert aber eine Komplikation der Nebenarbeiten. Bei Anwendung niedriger Drücke aber ist die anzuwendende Brennstoffmenge und dementsprechend die Temperaturerhöhung des Kalorimeterwassers gering, wodurch die schon mehrfach erwähnten Temperaturfehler grofs werden.

Zweiter Abschnitt.

Kalorimeter für kontinuierliche Verbrennung und fortlaufende Heizwertbestimmungen.

In neuerer Zeit hat H u g o J u n k e r s[1]) in Dessau (1892) ein eigenartiges Kalorimeter konstruiert, welches ursprünglich dazu bestimmt war, die Heizwertbestimmung des Leuchtgases unbeschadet der notwendigen Genauigkeit zu vereinfachen, und das in der Folge auch für andere gasförmige, sowie für leichte flüssige Brennstoffe vielfache Anwendung gefunden hat.

J u n k e r s erstrebte, eine Reihe von Korrektionen und Fehlerquellen zu vermeiden, welche die bisherigen Methoden fast ausnahmslos mit sich brachten.

Zu dem Zwecke suchte er:

1. eine vollkommene Verbrennung zu erzielen durch Ausbildung einer grofsen Verbrennungskammer, welche der Flamme genügenden Raum zur freien Entfaltung bietet;

2. den Einflufs des Wärmeaustausches mit der Um-gebung zu verringern durch Entwicklung möglichst grofser Wärmemengen in kurzer Zeit und auf kleinem Raum neben guter Isolierung des ganzen Apparates;

---

1) Zeitschr. f. Heizungs-, Lüftungs- und Wasserleitungstechnik 1897/98, Heft 14. — Hygienische Rundschau 1895, Nr. 8. — Schill Journ. Gasbel. u. Wasserversorgung 1893, S. 81.

3. die Wärme der Rauchgase vollständig auf das Kalorimeterwasser zu überführen durch Anwendung des
   Gegenstromprinzips;

4. die durch die Temperaturmessungen bedingten Fehlerquellen klein zu halten durch beliebig regelbare
   Temperaturerhöhung des Kalorimeterwassers.

Die Ausbildung des Kalorimeters nach diesen Grund-
sätzen ist aus Fig. 14 ersichtlich. Dasselbe besteht aus einem
Röhrenkessel von sehr gedrängter Bauart, dessen wasserum-
spülte Verbrennungskammer 28 der Flamme genügenden Raum
zur freien Entfaltung und vollkommenen Verbrennung bietet.

Die Verbrennungsprodukte ziehen durch die Röhren 30
abwärts dem durch Hahn 9 eintretenden Wasserstrom entgegen und gelangen durch den Stutzen 32 ins Freie, nachdem
ihre Temperatur durch ein in diesem Stutzen angebrachtes
Thermometer gemessen worden ist. Infolge der energischen
Abkühlung in den Röhren 30 sinken die Verbrennungsgase
durch ihre eigene Schwere abwärts und erzeugen im Verein
mit dem Auftrieb der heifsen Gase in der Verbrennungskammer einen lebhaften Luftzug, der die Anwendung eines
Gebläses oder Kamines entbehrlich macht.

Die Gleichmäfsigkeit des Wasserzu- und Abflusses wird
durch die Überläufe 2 und 20, welche die Druckhöhe genau
konstant halten, gewährleistet. Die Menge des Kalorimeterwassers und damit die Temperaturerhöhung desselben kann
durch Hahn 9 beliebig geregelt werden. Das abfliefsende
Wasser wird durch mehrere Kappen mit versetzten Schlitzen
gehörig gemischt, ehe es an das Thermometer 43 und von
da in das Mefsgefäfs gelangt.

Die Drosselklappe 33 gestattet eine Regelung der Luftzufuhr zu der Flamme. Der durch die Verbrennung erzeugte
Wasserdampf s⸗ hlägt sich zum gröfsten Teile an den Wandungen nieder und kann durch das Röhrchen 35 in ein Mefsgefäfs geleitet werden. Das ganze Kalorimeter ist zwecks
Verringerung des Wärmeaustausches mit der Umgebung mit
einem vernickelten hochpolierten Mantel versehen, welcher
eine ruhende Luftschicht umschliefst.

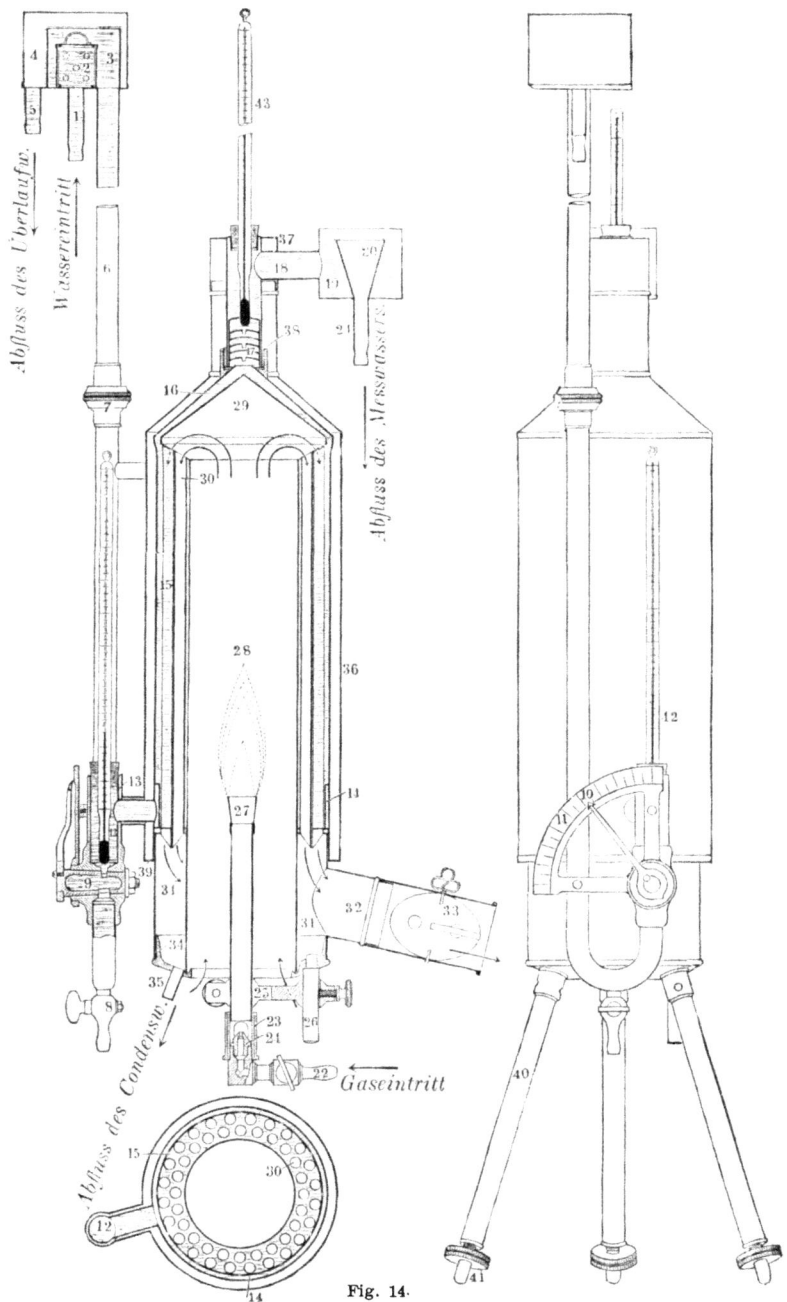

Abfluss des Überlaufur.

Wassereintritt

Abfluss des Messwassers.

Abfluss des Condensw.

Gaseintritt

Fig. 14.

Ich habe die Eigenschaften und Fehlerquellen des Junkersschen Kalorimeters und deren Einflüsse auf den ermittelten Heizwert einer eingehenden Untersuchung unterworfen. Unter Benutzung der Ergebnisse dieser Untersuchung habe ich dann eine Reihe von Heizwertbestimmungen des Wasserstoffs vorgenommen, um einen Vergleich mit den zuverlässigsten bisherigen Resultaten anstellen zu können. Diese Untersuchungen sollen im folgenden besprochen werden.

A. Untersuchung der Eigenschaften und Fehlerquellen.

I. Vollkommene Verbrennung.

Behufs Feststellung der vollkommenen Verbrennung wurden — unter Beobachtung der gasanalytischen Regeln — bei den Versuchen Proben der Abgase entnommen und in der üblichen Weise auf brennbare Gase untersucht. Die Analysen ergaben, daſs brennbare Bestandteile in den Abgasen nicht enthalten waren.

2. Untersuchungen über die vollständige Aufnahme der entwickelten Wärmemenge durch das Kalorimeterwasser.

Die vollständige Aufnahme der entwickelten Wärmemenge durch das Kalorimeterwasser kann beeinträchtigt werden:

a) durch die Strahlung der Flamme nach unten;
b) durch die Wärmeleitung des Brenners;
c) durch den Wärmeaustausch zwischen Kalorimeter und Umgebung;
d) durch die Temperatur und den Feuchtigkeitsgehalt der Abgase bzw. der Verbrennungsluft und des Brennstoffes.

a) Strahlung der Flamme nach unten.

Zur Feststellung der durch die Strahlung der Flamme nach unten ev. verloren gehenden Wärmemenge habe ich vergleichende Versuche mit ganz offener Verbrennungskammer und mit zwei eingesetzten gitterförmigen Blenden, deren Schlitze gegeneinander versetzt waren, ausgeführt. (Fig. 15.)

Verbrannt wurde Leuchtgas, welches aus der städtischen Gasleitung entnommen war, und in einem Gasometer von 500 l Inhalt zur Verwendung bereit stand. Das Sperrwasser des Gasometers war mit Leuchtgas gesättigt worden und hatte Zimmertemperatur. Die Ergebnisse der am 8. Mai 1903 vorgenommenen Versuche sind in Tabelle II eingetragen.

Bei Anwendung der Blende war — wie durch die Analyse der Abgase festgestellt wurde — die durch das Kalorimeter strömende Luftmenge kleiner als bei den Versuchen ohne Blende. Da nun die Temperatur der Zimmerluft und des Leuchtgases höher war als die derAbgase, so wurde dem Kalorimeter von dieser Seite in dem einen Falle weniger Wärme zugeführt als im anderen. Unter Berücksichtigung dieser Einflüsse — mit Blende 5, ohne dieselbe 7 Kal./cbm Leuchtgas — ergibt sich also der Heizwert des Leuchtgases bei den Versuchen o h n e Blende zu 4988 Kal., m i t Blende zu 4993 Kal. Es sind also scheinbar 5 Kal. pro 1 cbm Leuchtgas = ca. 0,1 %/0 durch Strahlung verloren gegangen. Eine andere Versuchsreihe, die am 16. Mai 1903 vorgenommen wurde, ergab bei Berücksichtigung des Einflusses der verschiedenen Luftmenge den Heizwert ohne Blende zu 5035,5 Kal., mit Blende zu 5029,5 Kal.

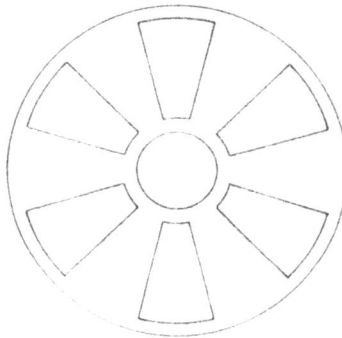

Fig. 15.

In diesem Falle ist also trotz freier Ausstrahlung nach unten der Heizwert um 6 Kal. höher als bei verhinderter Ausstrahlung. Die Ergebnisse dieser Untersuchungen zeigen also, daſs die Strahlung der Flamme nach unten so gering ist, daſs dieselbe nicht nachgewiesen werden konnte.

Tabelle II.

Lfd. Nr.		Gasuhr		Kalorimeter						Heiz-wert	Heizwert Mittel
		Verbrauch l	Temp. t_g	Wassertemperaturen			Wasser-menge kg	Abgas-temp. t_a	Raum-temp. t_r	Kal.	Kal.
				t_k	t_p	$t_d = t_w - t_k$					
1.	Ohne Blende	6	16,85	11,320	27,422	16,102	1,869	15,2	16,3	5000	4995
2.		6	16,85	11,320	27,433	16,113	1,868	15,2	16,3	5000	
3.		6	16,85	11,300	27,343	16,043	1,865	15,3	16,3	4985	
4.	Mit Blende	6	16,90	11,459	27,467	16,008	1,869	15,4	16,3	4985	4998
5.		6	16,90	11,402	27,484	16,082	1,872	15,3	16,3	5005	
6.		6	16,90	11,391	27,448	16,057	1,872	15,3	16,3	5002	

Die Geringfügigkeit dieser ev. Strahlungsverluste erhellt aufserdem schon daraus, dafs:

1. die Flamme nicht leuchtend ist;

2. die Entfernung derselben vom unteren Rande des Kalorimeters mindestens 150 mm beträgt;

3. die freie Öffnung des Kalorimeters bei einem Durchmesser derselben von 70 mm und dem des Brennerrohres von 16 mm nur 38,1 qcm, d. i. nur $1/74$ der entsprechenden kugelförmigen Ausstrahlungsoberfläche beträgt. Hierbei ist noch nicht berücksichtigt die Verengerung des Querschnittes durch die Brennertülle und den Tragarm.

b) Wärmeleitung des Brenners.

Der Einflufs des durch die Wärmeleitung des Brenners ev. hervorgerufenen Wärmeverlustes, der durch vergleichende Untersuchungen mit Brennern von verschiedenem Wärmeleitungsvermögen hätte festgestellt werden können, wurde von mir nicht beobachtet, da die entsprechenden Brenner mir nicht zur Verfügung standen. Dieser Verlust kann aber nur sehr gering sein, denn die Länge des in den Verbrennungsraum hineinragenden Brennerrohres ist sehr grofs; ferner kühlt die zuströmende Verbrennungsluft das Brennerrohr und führt diese Wärme dem Innern des Kalorimeters wieder zu. Es wurde auch bei den Versuchen eine Erwärmung des unteren Brennerteiles nicht wahrgenommen.

c) Wärmeaustausch zwischen Kalorimeter und Umgebung.

Die Versuche zur Bestimmung des Wärmeaustausches mit der Umgebung habe ich in folgender Weise ausgeführt. Es wurde bei vollständig geschlossenem Verbrennungsraum, — um eine Luftströmung durch das Innere zu vermeiden — Wasser durch das Kalorimeter geleitet und dessen Temperaturänderung gemessen. Letzteres geschah mittels Beckmannscher Thermometer mit $1/100^0$ Teilung, die vor jedem Versuche genau miteinander verglichen und zur Kontrolle abwechselnd für die Bestimmung der oberen und der unteren Temperatur verwendet wurden.

Zur Bestimmung der Raumtemperatur benutzte ich ein in der mittleren Höhe des Kalorimeters angebrachtes, 27 cm von demselben entferntes Thermometer.

Das in einem Wasserstromheizapparat erwärmte Wasser wurde nach Passieren eines Mischers durch das Kalorimeter geleitet. Es wurden zwei verschiedene Geschwindigkeiten (60—75 kg und 35 kg/Std.) und bei jeder Geschwindigkeit je zwei Versuche mit Wasser von ca. 14, 25 und 36⁰, und mit 50 kg stündlicher Durchflußmenge noch ein Versuch bei 35⁰ vorgenommen.

Umstehend ist das Protokoll (Prot. Nr. 1) eines Versuches und nachstehend dessen Berechnung angegeben. Tabelle III zeigt die Zusammenstellung der Ergebnisse aller Versuche.

Berechnung.

$$\text{Nach Versuch 3 ist: } t_d = t_w - t_k = \quad + 2{,}589^0$$
$$\text{»} \quad \text{»} \quad 4 \text{ »} \quad t_d = \quad \underline{- 2{,}784^0}$$
$$\text{also } 2\,t_d = \quad - 0{,}195^0$$
$$\text{»} \quad t_d = \quad - 0{,}0975^0.$$

Es beträgt also die in den Versuchen 3 und 4 nach außen in 1 Stunde abgegebene Wärme:

$$\frac{75{,}69 + 68{,}94}{2} \cdot 0{,}0975 = 7{,}015 \text{ Kal.}$$

bei einer Temperaturdifferenz von $\dfrac{7{,}7 + 8{,}3}{2} = 8{,}0^0$ zwischen mittlerer Kalorimeter- und Lufttemperatur, also

pro 1⁰ und 1 Stunde: 0,877 Kal.

Der Mittelwert aus den in Tabelle III, Spalte 8 angeführten Ergebnissen beträgt: 0,622 Kal. Es ist also der Wärmeaustausch zwischen Kalorimeter und Umgebung bei einem Versuch von einer Stunde Dauer und einer Temperaturdifferenz von 1⁰ zwischen mittlerer Wasser- und Raumtemperatur: 0,622 Kal. Die prozentuale Größe dieses Wärmeaustausches bei z. B. 2000 stündlich im Kalorimeter erzeugten Kalorien beträgt also 0,03 % für 1⁰ Temperaturdifferenz.

Protokoll Nr. 1.

Untersuchung des J u n k e r s schen Kalorimeters (Nr. 15) auf Wärme-austausch mit der Umgebung.

Versuch: 3 und 4.   Aachen, 27. März 1903.

Temperatur des Durchflußwassers: $t_k \sim 26^0$.

Durchflußmenge: $\sim 1,3$ l/Min.   Kalorimeterinhalt: $= 1,54$ kg.

Die Ablesung der Abflußtemperatur t_w erfolgt jedesmal:

$\frac{1,54}{1,3}$ Min. $= 70$ Sekunden später als die der Zuflußtemperatur t_k.

Thermometer Nr. 44 zeigt bei $26,5^0$: $1,090^0$,
>   >   43   >   > $26,5^0$: $3,810^0$.

Versuch 3.

Zeit	t_k Nr. 44	t_w Nr. 43	t_r
5 04	1,095	3,665	18,7
05	1,085	3,685	»
06	1,150	3,645	»
07	1,100	3,645	»
08	1,080	3,710	»
09	1,080	3,690	»
10	1,110	3,700	»
11	1,110	3,705	»
12	0,995	3,650	»
13	1,025	3,625	»
Mittel:	1,083	3,672	18,7
Reduziert:	26,493	26,362	18,7

Wassergewicht brutto: 15,485 kg
tara: 2,870 »
netto: 12,615 kg/10 Min.

das ist   **75,690 kg pro Std.**

$$t_m = \frac{t_k + t_w}{2} - t_r = 7,7^0.$$

Versuch 4.

Zeit	t_k Nr. 43	t_w Nr. 44	t_r
5 30	3,650	0,870	18,2
31	3,800	0,940	»
32	3,900	1,020	»
33	3,865	1,060	»
34	3,900	1,080	»
35	3,700	1,005	»
36	3,700	0,950	18,0
37	3,700	0,950	»
38	3,620	0,900	»
39	3,650	0,880	»
Mittel:	3,749	0,965	18,1
Reduziert:	26,439	26,376	18,1

Wassergewicht brutto: 14,490 kg

tara: 3,000 »

netto: 11,490 kg/10 Min.

das ist   **68,900 kg pro Std.**

$t_m = 8,3^0$.

d) Einflufs der Verbrennungsluft und der Abgase auf den Heizwert.

α) Infolge der Temperaturdifferenz.

Da die Abgabe der im Kalorimeter entwickelten Wärme an das Wasser nach dem Gegenstromprinzip erfolgt, ist man imstande, die Abgastemperatur ungefähr gleich der Lufttemperatur zu halten.

Die Gröfse des Einflusses einer Temperaturdifferenz von 1° zwischen zugeführter Luft (ev. Gas) und Abgasen habe ich im folgenden für Leuchtgas einmal unter Annahme der theoretischen, das andere Mal einer vierfachen Luftmenge berechnet. Es beträgt die Abgasmenge ohne Berücksichtigung des Wasserdampfes pro 1 cbm Leuchtgas bei theoretischer

Tabelle III.

Versuch Nr.	t_k	t_w	$t_d = t_w - t_k$	t_r	t_m	Wasser-menge pro Std. kg	Vom Kalori-meter auf-genommene bzw. abgege-bene Wärme pro 1° Diff. u. 1 Std.
1	2	3	4	5	6	7	8
1	14,612	14,632	} +| 0,0195	20,30	5,60	76,101	+ 0,310 Kal.
2	14,775	14,794					
3	26,493	26,362	} — 0,0970	18,40	8,00	72,320	— 0,877 »
4	26,439	26,376					
5	35,586	35,433	} — 0,176	16,33	19,12	62,511	— 0,575 »
6	35,415	35,215					
7	35,520	35,269	} — 0,240	16,50	18,80	53,418	— 0,683 »
8	35,395	35,166					
9	37,188	36,797	} — 0,401	14,95	22,20	35,940	— 0,648 »
10	37,559	37,148					
11	24,298	24,141	} — 0,146	16,60	7,60	35,925	— 0,687 »
12	24,318	24,183					
13	13,155	13,234	} + 0,0645	17,40	4,00	35,850	+ 0,577 »
14	13,496	13,546					

Luftmenge ca. 4,3 cbm = 5,74 kg, bei vierfacher Luft-menge ca. 19,3 cbm = ca. 25 kg. Hieraus ergibt sich pro 1° Temperaturdifferenz ein Fehler von 1,348 Kal. = 0,027 % bzw. 5,948 Kal. = 0,12 % des Heizwertes.

β) Infolge des Feuchtigkeitsgehaltes.

Für genauere Versuche ist die Kenntnis des Feuchtig-keitsgehaltes der Luft und der Abgase von Wichtigkeit. Bei einer Abgasmenge von 19,3 cbm pro 1 cbm Leuchtgas, einer Sättigungstemperatur derselben von 12 und der Luft von 8° beträgt der Einfluß der größeren Abgasfeuchtigkeit auf den Heizwert:

$$(0,008257—0,006770) \cdot 19,3 \cdot 596 = 220 \text{ Kal.} = 0,45 \%.$$

Es stand zu vermuten, daß die Abgase das Junkers sche Kalorimeter im gesättigten Zustande verlassen, weil dieselben bis zu ihrem Austritt mit überschüssigem Wasser in Berührung stehen. Doch zeigten vorläufige Feuchtigkeitsbestimmungen mittels D a n i e l l schem Hygrometer, dafs dieses nicht der Fall ist.[1]) Um nun eine Relation zwischen dem Feuchtigkeitsgehalte der Abgase und ev. darauf einwirkenden anderen Gröfsen zu finden, habe ich zahlreiche Feuchtigkeitsbestimmungen der Abgase unter Veränderung ihrer Temperatur vorgenommen. Da letztere aber hauptsächlich abhängig ist von der Temperatur des eintretenden Kalorimeterwassers, so wurde dieses durch einen Wasserstromheizapparat auf die jeweilig gewünschte Temperatur gebracht. Im Kalorimeter wurde Leuchtgas verbrannt.

Zur Bestimmung der Feuchtigkeit der Abgase stand mir u. a. ein D u f o u r sches Hygrometer (Fig. 16) zur Verfügung. Es besteht dieses aus einem Metallblock mit je einer Kammer zur Aufnahme des Äthers (b) und des Thermometers. An der dem Thermometer zunächst liegenden Seite ist ein Metallspiegel befestigt (az). Dieser Apparat wird in ein Glasgefäfs gestellt, durch welches die zu untersuchenden Gase hindurchgeleitet werden, während der Äther infolge seiner Verdampfung den Metallspiegel und das Thermometer abkühlt. Da jedoch wegen der grofsen Metallmassen, die das Hygrometer enthält, sowie aus dem Grunde, dafs der Spiegel (az). an das Thermometergefäfs nur angenietet (nicht angelötet) war, die Übereinstimmung der Spiegeltemperatur mit der zu gleicher Zeit dem Thermometer angezeigten Temperatur zweifelhaft erschien, habe ich das Hygrometer hieraufhin erst untersucht. Zu dem Zwecke leitete ich Zimmerluft durch den Apparat, konnte aber bei mehreren direkt aufeinanderfolgenden Versuchen keine — weder unter sich noch mit dem D a n i e l l schen Hygrometer — übereinstimmende Resultate erzielen.

---

[1]) Es sei hier bemerkt, dafs schon früher Herr Prof. J u n k e r s die Vermutung ausgesprochen hat, dafs die Abgase nicht gesättigt seien, und dafs ihre Sättigungstemperatur der Temperatur des eintretenden Kühlwassers entspreche.

Herr Prof. R a u hat hierüber Untersuchungen angestellt, deren Resultate diese Annahme bestätigten. Die Anordnung und die Ergebnisse dieser Versuche waren mir bei Abfassung vorliegender Arbeit nicht bekannt.

Die Taubildung beginnt am unteren Ende z des Spiegels und schreitet sehr langsam nach oben vorwärts, während das Thermometer rapide sinkt. Unterbricht man die Verdampfung des Äthers, so dauert das Fortschreiten der Betauung fort, obgleich das Thermometer konstante oder sogar steigende Temperatur anzeigt. Hieraus folgt, dafs das Thermometer bei Beginn der Taubildung auf dem Spiegel bereits eine

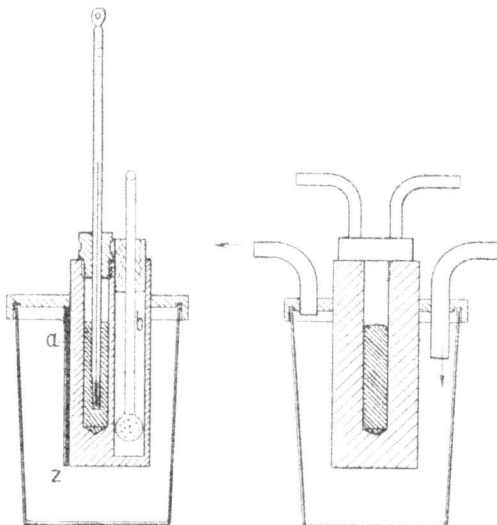

Fig. 16.

niedrigere Temperatur anzeigt, als der Spiegel in diesem Augenblicke besitzt.

Infolge dieses Umstandes und in Ermangelung eines geeigneten anderen Apparates — das Daniellsche Hygrometer läfst sich in den Abgasstutzen nicht einführen — sah ich mich gezwungen, den Feuchtigkeitsgehalt der Abgase direkt und zwar durch Absorption des Wassergehaltes zu bestimmen. Die Versuchsanordnung zu diesem Zwecke ist aus Fig. 17 ersichtlich.

Die zu untersuchenden Abgase wurden mittels eines ca. 350 l fassenden Aspirators abgesaugt. Die Gasentnahme erfolgte durch eine, ca. 10 cm tief in den Abgasstutzen des

Kalorimeters eingeführte Kupferröhre, welche so befestigt war, daſs Abtropfwasser nicht in die Mündung gelangen konnte. Die Gase passierten dann zwecks Abgabe ihrer Feuchtigkeit ein Chlorkalziumrohr I und ein Schwefelsäurerohr II,

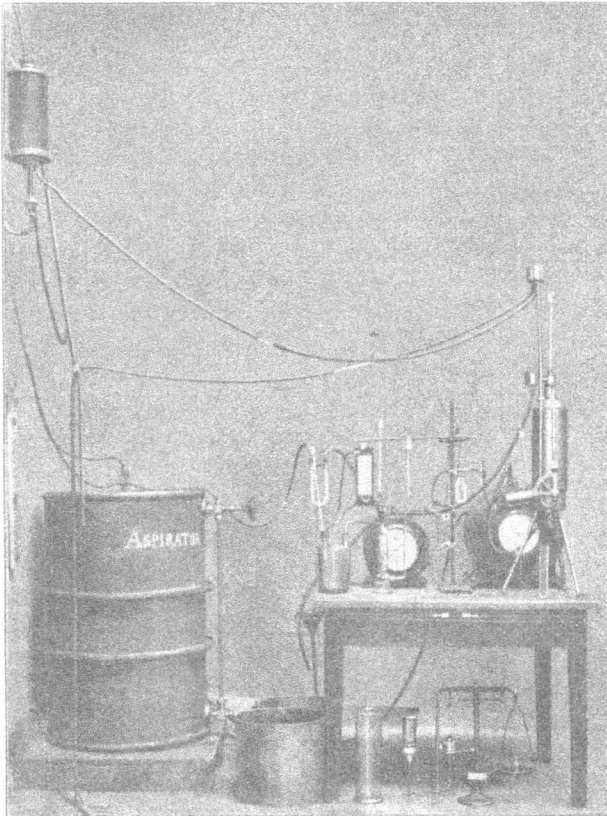

Fig. 17.

wurden in einem Glaszylinder T gekühlt und in einer groſsen Woolfschen Flasche behufs Ausgleichung der Temperatur gemischt. Von hier gelangten sie in die kleine Gasuhr und von da durch Chlorkalziumrohr III zum Aspirator. Das Chlorkalziumrohr III hat den Zweck, den Wassergehalt der

4 *

in der Gasuhr nicht ganz gesättigten Gase und hieraus
den Partialdruck des Wasserdampfes in der Gasuhr zu
bestimmen.

Die Berechnung der Sättigungstemperatur der Abgase aus
den beobachteten Größen wurde auf folgende Weise vorgenommen. Es ist:

β Saugdruck an der Abgasuhr in mm Quecksilber

b Barometerstand.

t_a Temperatur der Abgase am Abgasstutzen des Kalorimeters.

t_u Temperatur der Abgase in der Gasuhr.

p'_u Partialdruck des Wasserdampfes (Gasuhr).

t_x Sättigungstemperatur der Abgase am Abgasstutzen.

p'_x Dieser Temperatur entsprechende Dampftension.

w' Absorbiertes Wasser aus den Röhren I und II pro
1 cbm Abgase von t_u Grad und b — β mm Druck.

w'_x Das aus der Dampftabelle entnommene Dampfgewicht
pro 1 cbm Abgase bei t_x Grad.

1 cbm Abgase (am Abgasstutzen des Kalorimeters) von
b mm Druck und t_a Grad möge x kg Wasserdampf enthalten
(entsprechend einer Sättigungstemperatur t_x und einer Dampftension p'_x). Es sind dann in den Abgasen enthalten pro
1 cbm t r o c k e n e r Gase von $b - p'_x$ mm und t_a 0 ebenfalls x kg Wasserdampf. Absorbiert wurden pro 1 cbm an
der Gasuhr gemessener t r o c k e n e r Abgase von $b - \beta - p_u$ mm
und t_u 0 w' kg Wasser. Auf 1 cbm trockener Gase von t_a 0
und $b - p'_x$ mm ergibt dieses:

$$\frac{b - p'_x}{b - \beta - p_u} \cdot \frac{T_u}{T_a} \cdot w' \text{ kg.}$$

Ich erhalte also die Gleichung:

$$x = \frac{b - p'_x}{b - \beta - p_u} \cdot \frac{T_u}{T_a} \cdot w',$$

mit den beiden Unbekannten x und p'_x.

Indem ich nun für verschiedene Temperaturen t_x die zugehörigen p'_x in obige Gleichung so lange einsetze, bis der
für x sich ergebende Wert gleich dem zu t_x gehörigen, aus

der Dampftabelle entnommenen Dampfgewicht übereinstimmt,
erhalte ich die wirkliche Sättigungstemperatur der Abgase.
Nachstehend ist das Protokoll (Prot. Nr. 2.) eines Versuches
und die zugehörige Berechnung angegeben.

Berechnung.

Nach Einsetzen der gefundenen Werte in obige Gleichung
für x erhält man:
$$x = 0,0214 \ (b - p'_x).$$

1. Annahme: $t = t_k = 18^0$, also
$$p'_x = 15,357 \text{ mm} \quad \text{und} \quad w'_x = 0,01527 \text{ kg.}$$
Es ist dann nach obiger Gleichung: $x = 0,0159$ kg. Dieser
Wert ist zu hoch; es mufs also p'_x und damit t_x höher ge-
wählt werden.

2. Annahme: $t_x = 18,6$, also
$$p'_x = 15,967 \text{ mm} \quad \text{und} \quad w'_x = 0,015842 \text{ kg.}$$
Nach obiger Gleichung ist dann: $x = 0,0158$ kg. Diese Werte
für x und w'_x stimmen hinreichend überein, so dafs die Sättigungstemperatur der Abgase in vorliegendem Falle:
$$t_x = 18,6^0 \text{ beträgt.}$$

In Tabelle IV sind die Ergebnisse sämtlicher Versuche
zusammengestellt und in Fig. 18 als Funktion der unteren
Kühlwassertemperatur t_k aufgetragen. Aus der Figur ist ersichtlich, dafs die Abgase nicht bei der Temperatur t_a gesättigt sind, sondern dafs ihre Sättigungstemperatur niedriger
liegt. Ferner ist eine Abhängigkeit der letzteren von der
Kühlwassertemperatur t_k nicht zu verkennen.

Die bei den höheren Temperaturen sich ergebenden auf-
fallend niedrigen Werte rühren daher, dafs in dem Gummischlauch, der vom Kalorimeter zum Chlorkalziumrohr I führte,
eine gewisse Dampfmenge kondensiert war, die wegen der
hohen Lage dieses Rohres nicht zur Messung gelangte.

Die Umständlichkeit und lange Dauer dieser Versuche
und die bei den höheren Temperaturen eingetretenen Ungenauigkeiten haben mich bewogen, das Afsmannsche Aspi-
rations-Psychrometer, welches in einfacher Weise und mit

Protokoll Nr. 2.

Untersuchung der Abgasfeuchtigkeit beim Junkerschen Kalorimeter.

(Durch Absorption.)

Versuch: Nr. 5.   Aachen, 17. Februar 1903.

Zeit	Ablesungen an der Abgasuhr			Woolfsche Flasche	t_a	t_r	b	Gewicht der Absorptionsröhren			Kühlwasser		Luftfeuchtigkeit Afsmanns Psychrometer		Leuchtgasuhr		Kondenswasser
																	g
	1	t_u	β	t				I. Chlorkalzium	II. Schwefelsäure	III. Chlorkalzium	t_k	t_w	t_r	t_f	1	t_g	
3 ⁵⁵	50,1	21,4	27	21,6	21,6	—	760	52,353	115,795	108,039	18,4	39,6			140,0	—	
4 ⁰⁰	58,3	21,6	97	21,5	21,8	22,1	—				18,3	39,6			185,5	19,4	0
10	10,1	21,6	87	21,6	21,7	21,7	—				18,4	40,0	21,8	15,9	252,0	19,0	60
20	19,7	21,5	86	21,7	21,4	21,7	—				18,2	39,2	21,8	15,9	318,0	19,0	120
30	28,7	21,4	85	21,6	21,4	21,4	—				18,0	39,0			384,0	18,8	180
40	37,5	21,2	85	21,4	21,0	21,2	—				17,8	39,2			449,0	18,8	240
50	45,4	21,0	97	21,2	20,9	20,8	—				17,8	39,2			516,0	18,6	303
5 ⁰⁰	53,3	20,9	97	21,0	20,9	20,4	—				17,7	39,4			583,0	18,5	365
10	1,0	20,7	97	20,8	20,7	20,3	—				17,6	39,0			650,0	18,4	421
20	8,5	20,6	94	20,6	20,5	20,0	760	53,391	115,990	109,315	17,5	39,0	20,0	13,7	717,0	18,2	421
87 Min.	78,4	21,2	85	21,3	21,2	21,0	760	1,038	0,195	1,276	18,0	39.3	21,0		577,0	118,75	421 g

1,233 g

$\beta = 85$ mm Wasser $= 6,83$ mm Quecksilber.

Tabelle IV.

Versuch-Nr.	Datum	Gemessene Abgase l	Absorptionswasser in den Röhren I u. II g	Absorptionswasser in den Röhren III g	Absorptionswasser pro 1 cbm Abgase von t_u° u. b_j³ mm w g	w'_u g	p_u mm H_g	b mm Hg	β mm H_g	t_u	t_a	t_k	t_x
1	2	3	4	5	6	7	8	9	10	11	12	13	14
1	13. II. 03.	55,0	0,682	0,769	12,38	13,98	13,990	755	2,58	18,9	16,8	13,3	14,7
2	„	106,4	1,263	1,722	11,88	16,17	16,350	755	5,60	21,0	16,9	12,0	14,3
3	14. II. 03.	80,7	1,575	1,012	19,53	12,56	12,478	750	3,75	16,6	23,0	21,6	21,8
4	„	115,8	3,864	1,554	33,40	13,42	13,398	747	5,20	17,7	31,9	32,0	30,6
5	17. II. 03.	78,4	1,233	1,276	15,73	16,27	16,424	760	6,83	21,2	21,2	18,0	18,6
6	18. II. 03.	93,1	2,070	1,098	22,25	11,80	11,690	763	6,00	16,4	27,9	27,2	23,8
7	„	84,6	1,895	1,328	22,42	15,70	15,815	760	4,64	22,1	27,3	26,2	24,5
8	19. II. 03.	85,6	2,114	1,087	24,72	12,68	12,616	759	5,00	18,0	29,3	29,3	25,6

grofser Genauigkeit die Bestimmung der Luftfeuchtigkeit gestattet, auch für die Feststellung der Abgasfeuchtigkeit des
Kalorimeters zu versuchen.

Da bei der Anwendung dieses Psychrometers zu gedachtem
Zwecke eine um ca. 28^0 gegen die Vertikale geneigte Lage
erforderlich war und aufserdem die beiden Saugeröhren desselben durch ca. 15 cm lange, weite Schlauchstücke mit dem
Abgasstutzen des Kalorimeters verbunden werden mufsten,
war eine Prüfung des Psychrometers für diesen Zweck erforderlich.

Diese wurde in einfacher Weise derart ausgeführt, dafs
die Feuchtigkeit der Laboratoriumsluft in unmittelbar aufeinanderfolgenden Versuchen abwechselnd bei senkrechter
(normaler) Lage des Psychrometers ohne Schläuche und bei
schräger Lage mit Schläuchen (genau wie bei der beabsich-
tigten Verwendung) bestimmt wurde. Es zeigten sich hierbei so geringe Abweichungen in den Angaben des Psychrometers, dafs eine Anwendung zu oben genanntem Zweck ge-
rechtfertigt erschien.

Ich habe infolgedessen mit diesem Apparate eine Reihe
von Feuchtigkeitsbestimmungen der Abgase vorgenommen,
deren Resultate in Tabelle V zusammengestellt und in Fig. 18
ebenfalls als Funktion der unteren Kühlwassertemperatur aufgetragen sind. Die graphische Darstellung in Fig. 18 läfst
den Schlufs zu, dafs — bei Vernachlässigung der bei den
höheren Temperaturen falschen Absorptionswerte — die
Sättigungstemperatur der Abgase nicht nur von der unteren
Kühlwassertemperatur abhängig, sondern dieser annähernd
gleich ist.

Infolge dieser Eigenschaft des Junkerschen Kalorimeters ist es bei Kenntnis der Abgasmenge leicht möglich,
den Einflufs des Feuchtigkeitsgehaltes auf den Heizwert zu
berücksichtigen.

(Tabelle V siehe Seite 58.)

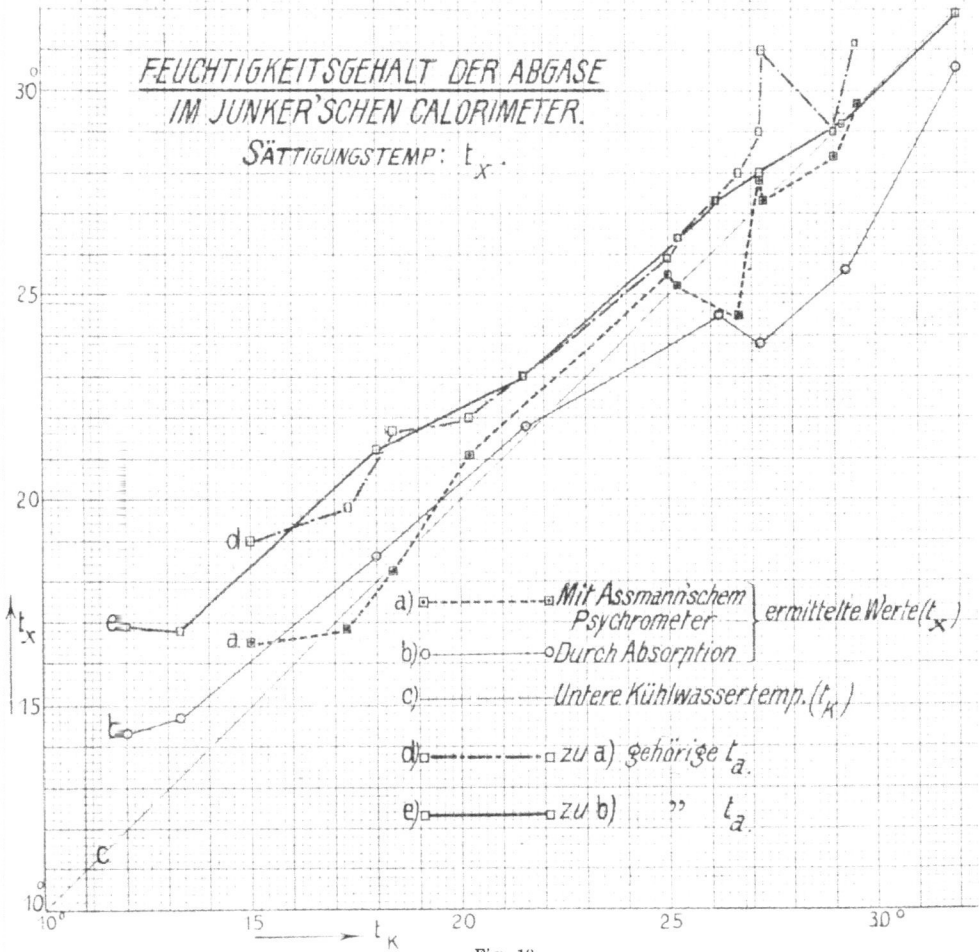

FEUCHTIGKEITSGEHALT DER ABGASE
IM JUNKER'SCHEN CALORIMETER.
SÄTTIGUNGSTEMP: t_x.

a) ⊡------⊡ Mit Assmann'schem Psychrometer } ermittelte Werte(t_x)
b) o--------o Durch Absorption
c) ———————— Untere Kühlwassertemp. (t_K)
d) ⊡—·—·—·—⊡ zu a) gehörige t_a.
e) o————————o zu b) „ t_a.

t_K

Fig. 18.

Tabelle V.

Versuch-Nr.	Datum	b mm Hg	Angaben des Psychrometers		t_a	t_k	t_x
			t_{tr}	t_f			
1	17. II. 03.	760	21,7	19,2	21,6	18,4	18,3
2	»	760	19,8	17,6	20,0	17,3	16,8
3	18. II. 03.	763	27,9	25,4	28,6	26,7	24,5
4	»	—	31,0	28,2	28,5	27,3	27,3
5	»	760	29,0	28,1	30,2	27,2	27,8
6	»	—	26,4	26,0	28,5	25,2	25,2
7	19. II. 03.	759	30,1	29,1	31,0	29,0	28,4
8	»	—	31,2	30,0	32,8	29,6	29,65
9	20. II. 03.		19,0	17,4	19,0	15,0	16,52
10	»		22,0	21,4	22,6	20,2	21,1
11	»		25,9	25,6	26,5	25,0	25,5

3. Messung der vom Kalorimeter aufgenommenen Wärmemenge.

Die Feststellung der aufgenommenen Wärmemenge geschieht durch Messung der pro Versuch gebrauchten Wassermenge und seiner Temperaturerhöhung. Die Bestimmung der
Wassermenge wird in der Weise vorgenommen, dafs das durch
den Überlauf 20 (Fig. 14) gleichmäfsig abfliefsende Wasser bei
Beginn des Versuches in einen Mefsbehälter eingeschaltet und
am Schlusse desselben ausgeschaltet wird.

Dieses Ein- und Ausschalten kann nun geschehen durch
Umlegen eines Schlauchendes, durch Umschalten eines Drei-
weghahnes oder auf andere geeignete Weise. Es ist zu be-
achten, dafs der an dem Überlauf angeschlossene Schlauch
nicht zu lang ist und nicht auf eine Strecke horizontal oder
gar wieder in die Höhe geführt wird, weil dieses ein unregel-
mäfsiges Abfliefsen des Wassers bewirkt.

Durch das Umschalten des Wassers können nun Fehler
in der Bestimmung der Wassermenge hervorgerufen werden,
indem das Ein- und Ausschalten nicht rechtzeitig erfolgt.
Diese Fehler können einfach auftreten durch zu frühes

oder zu spätes Einschalten bei rechtzeitigem Ausschalten oder umgekehrt; sie können sich a d d i e r e n durch zu frühes Ein- und zu spätes Ausschalten oder umgekehrt; sie können sich aber auch a u f h e b e n , indem beide Manipulationen zu früh bzw. zu spät erfolgen.

Es sei der extreme Fall angenommen, in welchem die Fehler sich addieren. Erfolgt z. B. bei einem Versuch von 10 Minuten Dauer das Einschalten 1 Sekunde zu früh, und das Ausschalten 1 Sekunde zu spät, so beträgt der Fehler $\frac{2}{600} = 0,33\,\%$. Bei einiger Übung läfst sich dieser Fehler aber kleiner halten, zumal es im allgemeinen der Fall ist, dafs dieselbe Person beim Ein- und Ausschalten denselben Zeit- fehler begehen wird. Will man aber von dem persönlichen Fehler des Beobachters unabhängig sein, so kann man das Umschalten auf mechanischem Wege bewirken.

Die W ä g u n g der Wassermenge ist, wie schon des häu- figeren erwähnt, mit solcher Genauigkeit ausführbar, dafs der hierdurch etwa entstehende Fehler selbst bei den genauesten Versuchen — gegenüber andern Fehlern — aufser Betracht bleiben kann.

Der W a s s e r w e r t des Kalorimeters ist ohne Einflufs auf die Wärmeaufnahme des Kalorimeterwassers, weil der Apparat im Beharrungszustande arbeitet, d. h., weil die in jedem Augenblicke erzeugte Wärmemenge von dem Kühl- wasser abgeführt wird, während der Wärmeinhalt des Apparates konstant bleibt. (Über Störungen des Beharrungszustandes s. S. 63.)

Die T e m p e r a t u r e r h ö h u n g ist in weiten Grenzen verstellbar. Es lassen sich durch Regulierung der Wasser- und Brennstoffzuführung Temperaturdifferenzen von $0—40\,^0$ erzielen. Darüber geht man nicht hinaus, weil dann stärkere Schwankungen des oberen Thermometers eintreten. Bei einer Temperaturerhöhung von $20\,^0$ äufsert sich ein Fehler von $^1/_{10}\,^0$ auf den Heizwert mit $0,5\,\%$. Die in $^1/_{10}\,^0$ geteilten Ther- mometer, mit denen das Kalorimeter ausgestattet ist, ge- statten mit der Lupe eine bequeme Schätzung von $^1/_{50}$ und bei einiger Übung von $1/100$ ^{0}. Bei letzterer Genauigkeit in der Ablesung reduziert sich obiger Fehler auf 0,05 %.

Die Ablesungen der Thermometer geschehen je nach dem verlangten Genauigkeitsgrade in längeren oder kürzeren Zwischenräumen, z. B. alle 60, 30 oder 10 Sekunden.

4. Messung der Brennstoffmenge.

Die Messung von flüssigen Brennstoffen geschieht am besten durch Gewichtsbestimmung und hierbei können die bei Wägungen schon öfter erwähnten sehr kleinen Fehler auftreten.

Die Volumenbestimmung der zu untersuchenden gasförmigen Brennstoffe geschieht durch Kubizierapparate oder Gasuhren. Es sind hierbei, wie bei allen Gasmessungen, Druck und Temperatur konstant zu halten, bzw. deren Änderungen zu berücksichtigen. Ebenfalls ist der Feuchtigkeitsgehalt bzw. die dadurch bedingte Änderung in dem abgelesenen Gasdruck in Betracht zu ziehen.

Bei der Messung der verbrannten Gasmenge können ähnliche persönliche Fehler entstehen, wie bei der Umschaltung des Kalorimeterwassers. Diese Fehler lassen sich aber reduzieren — abgesehen von mechanischen Hilfsmitteln — durch grofsen Brennstoffverbrauch pro Versuch. Soll z. B. ein Ablesungsfehler von 0,1 l den Heizwert um weniger als 0,5 % beeinflussen, so mufs bei einminutlichem Brennstoffkonsum von 6 l die Dauer des Versuches mindestens $3\,1/3$ Minuten betragen.

Aufser diesen Beobachtungsfehlern, die bei der Messung des Brennstoffes sowohl durch Kubizierapparate als auch durch Gasuhren entstehen können, sind bei letzterer Mefsmethode noch Fehler möglich, die in der Konstruktion der Gasuhr begründet sind.

Die Gasuhr mufs nämlich nach jeder Änderung in ihrer Lage oder Wasserfüllung geeicht werden. Diese Eichung hat auch mit Rücksicht auf die Durchflufsgeschwindigkeit zu geschehen, da das Fassungsvolumen der Mefszellen infolge der Änderung des die verschiedene Durchflufsgeschwindigkeit bewirkenden Gasdruckes verändert wird.

Ich habe bei den später zu besprechenden genauen Versuchen die Eichung der Gasuhr — unter Berücksichtigung des oben Gesagten — wie folgt vorgenommen:

Zur Eichung benutzte ich einen 1-Liter Eichkolben, welcher ebenfalls auf seine Richtigkeit geprüft wurde.

I. Prüfung des Eichkolbens. Der Kolben wird bis zu seiner oberen Marke mit destilliertem, luftfreiem Wasser gefüllt, gewogen, dann bis zur unteren Marke entleert und wieder gewogen. Es ergibt sich:

Gewicht des Eichkolbens mit Wasser . . .   1278,650 g
    »   »   »   leer mit 1 l Luft .   282,150 g
Gewicht des Wassers (in der Luft gewogen) .   996,500 g
    »   von 1 l Luft . . . .   1,300 g
Gewicht des Wassers (bez. auf Luftleere) . .   997,800 g

bei 22°. Da das spezifische Volumen des Wassers bei 22° = 1,002174 l beträgt, ist der Rauminhalt des Kolbens (v_k): 999,98 ccm, also (mit einer Genauigkeit von 0,02 %) gleich 1 l.

II. Eichung der Gasuhr. Das Gas strömt aus einem Kubizierapparat durch Gasuhr und Druckregler zum Eichkolben. Letzterer wird vor dem Versuch häufiger mit Gas gefüllt und entleert, um das Sperrwasser des Eichkolbens und der Gasuhr mit Gas zu sättigen.

Bei Beginn des Versuches ist der Eichkolben mit Wasser gefüllt und der Zeiger der Gasuhr auf ein volles Liter eingestellt. Es wird dann das Wasser des Eichkolbens bis zur unteren Marke abgelassen und bei gleichem Gasdruck der Stand der Gasuhr abgelesen. Dieses geschieht mehrere Male hintereinander, um die Ablesungsfehler der einzelnen Beobachtungen zu eliminieren.

Eine gelegentlich der später zu besprechenden Heizwertbestimmungen vorgenommene Eichung der Gasuhr ergab die in Tabelle VI eingetragenen Beobachtungsgröfsen.

Aus dieser Tabelle folgt, dafs das einer Füllung des Eichkolbens entsprechende Volumen an der Gasuhr: $v_u = 1,015$ l ist. Mit diesem Wert kann aber der oben ermittelte Inhalt des Eichkolbens nicht direkt verglichen werden; letzterer ist vielmehr auf den Zustand des Gases in der Gasuhr zu beziehen.

Tabelle VI.

Zeit	Stand der Gasuhr	Differenz der Gasuhr-ablesungen	Temperatur in der Gasuhr	Temperatur im Eichkolben	b	β	Raum-Temperatur
	1	1	t_u (Nr. 7)	t_k (Nr. 38)	mm Hg	mm H$_2$O	t_r(Nr.51)
1	2	3	4	5	6	7	
12 ^{06}	1,00						
09	1,99	0,99	16,9	16,0	743	28	17,0
11	1,99						
14	3,03	1,04	16,9	16,2	»	»	17,0
16	3,03						
18	4,07	1,04	17,2	16,3	‹	‹	17,0
19	4,07						
21	5,06	0,99	17,3	16,3	»	‹	17,0
	Summe: 4,06						

Es ist (reduziert auf Normal-Thermometer):

t_k = 16,2 entsprechend p'_k = 13,718 mm Hg.
t = 16,9   » p'_u = 14,355   »
b = 743 mm, $\beta = 2$ »   »

Gesamtgasdruck: 745 mm Hg.

Partialdruck des Gases im Eichkolben $P_k = 731,282$ mm
»   »   »   in der Gasuhr $P_u = 730,645$ »

Das Volumen des trocknen Gases im Eichkolben — bezogen auf den Zustand in der Gasuhr — ist also:

$$v_x = \frac{T_u}{T_k} \cdot \frac{P_k}{P_u} \cdot v_k = 1,003 \, l.$$

Die Angabe der Gasuhr ist also um $v_u - v_x = 0,0127$ l = 1,27 % zu hoch und zwar bei einer Durchflufsgeschwindigkeit von 0,36 l Min.

Aus einer Reihe von Versuchen, die vorgenommen wurden, um die Abhängigkeit der Gasuhrangaben von der Durchströmungsgeschwindigkeit darzulegen, ergab sich, daſs die Angaben der Gasuhr auſserdem noch zu hoch waren:

0,25 % bei ca. 3,8 l Min. Durchgangsgeschwindigkeit
0,30 » 　» 　» 5,2 　» 　　　　　　　　　　　 »
0,33 » 　» 　> 5,6 　» 　　　　　　　　　　　 »

Das im Kalorimeter gebildete K o n d e n s w a s s e r flieſst an den Wandungen herab in eine Rinne und kann durch Röhrchen 35 (Fig. 14) in ein Meſsgefäſs geleitet werden. Diese Wassermenge dient zur Bestimmung des unteren Heizwertes, wobei natürlich zur Erzielung genauerer Resultate noch der Feuchtigkeitsgehalt der Abgase und der Luft berücksichtigt werden muſs.

Naturgemäſs kann bei einem kurzen Versuch die Kondenswassermenge nicht genau bestimmt werden, weil die Wandungen erst gleichmäſsig benetzt sein müssen, ehe ein ziemlich konstantes Abflieſsen eintritt. Da aber die Dauer des Versuches infolge des kontinuierlichen Betriebes des Kalorimeters nicht beschränkt ist, so läſst sich ein Fehler in der Kondenswasserbestimmung prozentual gering halten. Bei der Verbrennung von 200 l Leuchtgas, wozu ca. 30 Min. erforderlich sind, ergibt sich z. B. eine Kondenswassermenge von 200 g; hier beträgt bei einem Fehler von 1 g (0,5 %) in der Kondenswasserbestimmung die Ungenauigkeit in der Gröſse des unteren Heizwertes:

$$\frac{0,001 \cdot 600}{0,2 \cdot 4400} = 0,068 \; \%.$$

5. Störungen.

Eine etwa eintretende ungleichförmige Erwärmung der einzelnen Wasserteilchen infolge stärkerer Abkühlung einzelner Rohre des Kalorimeters wird sofort selbsttätig aufgehoben dadurch, daſs in den kälteren Röhren durch die Vergröſserung des spezifischen Gewichtes ein schnelleres Herabsinken der

Verbrennungsprodukte erfolgt. Umgekehrt verhindert ein heifseres Rohr das schnellere Durchströmen der Gase.

Tritt im zufliefsenden Wasser eine Temperaturschwan-kung ein, so wird sich diese im abfliefsenden Wasser erst bemerkbar machen, wenn eine dem Kalorimeterinhalte gleiche Wassermenge abgeflossen ist. Man wird also die obere Tempe-ratur jedesmal um die entsprechende Zeit später ablesen.

In ähnlicher Weise machen sich Schwankungen in der Brennstoffzufuhr erst nach Durchflufs einer gewissen Wasser-menge an dem oberen Thermometer bemerkbar.

Eine Veränderung in der Höhenlage der Flamme in dem Verbrennungsraum verändert ebenfalls den Beharrungszustand und ist daher während des Versuches zu vermeiden.

Die Handhabung des Junkersschen Kalorimeters ist sehr einfach. Man läfst das aus einer Wasserleitung oder aus einem besonderen Behälter entnommene Wasser durch den Apparat strömen, bringt den Brenner nach Anzünden der Flamme in den Verbrennungsraum und reguliert die Tempe-raturerhöhung durch Einstellen der Wasser- bzw. der Brenn-stoffmenge, ferner den Luftüberschufs durch die Drossel-klappe 33. Nach etwa 3—5 Minuten ist der Beharrungszustand hergestellt.

Beim Durchgang des Gasuhrzeigers durch eine volle Liter-zahl — bei flüssigen Brennstoffen beim Durchgang der Wage-balkenzunge durch die Mitte — schaltet man das abfliefsende Wasser in das Mefsgefäfs, liest die untere und obere Wasser-temperatur in entsprechenden Zwischenräumen ab und schaltet nach Verbrennen der gewünschten Brennstoffmenge das Wasser um.

Der ganze Versuch ohne die Zeit bis zur Erreichung des Beharrungszustandes kann je nach der gewünschten Genauig-keit in 2—20 Minuten beendigt sein.

Infolge der Einfachheit in der Handhabung, sowie der geringen prozentualen Gröfse der in dem Apparat auftretenden Fehler, deren Berücksichtigung für gewerbliche Zwecke fast immer, für technisch wissenschaftliche Untersuchungen in

vielen Fällen unterbleiben kann, erachtet Verfasser das
Junkerssche Kalorimeter als den zweckmäfsigsten der bisher vorhandenen Apparate zur technischen Heizwertbestimmung gasförmiger und flüssiger Brennstoffe.

B. Heizwertbestimmung des Wasserstoffs mit dem Junkersschen Kalorimeter.

Die in vorstehenden Untersuchungen dargelegte Möglichkeit, sämtliche Fehler und Korrektionen zahlenmäfsig bestimmen zu können, berechtigen zu dem Versuche, das
Junkerssche Kalorimeter auch für wissenschaftlich genaue
Heizwertbestimmungen zu erproben.

Ich habe daher eine Reihe von Heizwertbestimmungen
des Wasserstoffs unter Berücksichtigung aller Korrektionen
vorgenommen, um deren Ergebnisse mit den nach anderen
Methoden gefundenen Werten zu vergleichen.

Zu den Versuchen wurde elektrolytisch hergestellter
Wasserstoff mit einem Gehalt von 1,00 % Sauerstoff und
99,00 % Wasserstoff verwendet. Der Wasserstoff wurde in
einen Kubizierapparat von 500 l Fassungsvermögen geleitet
und darin behufs vollständiger Sättigung mit Wasserdampf
und zwecks Temperaturausgleichs 12—20 Stunden belassen,
ehe der Versuch begonnen wurde. Nach Verlassen des Kubizierapparates passierte der Wasserstoff eine Experimentiergasuhr,
deren Temperatur um ca. 0,5—1° niedriger gehalten wurde
als die des Kubizierapparates, um eine sichere Sättigung in
der Gasuhr zu erzielen. Von hier aus gelangte das Gas durch
einen Druckregler in das Kalorimeter. Sämtliche Leitungen
bestanden aus dickwandigen Bleiröhren, die — ebenso wie
die Gasuhr etc. — auf Dichtigkeit mittels Wasserstoffs geprüft waren. Um eine vollständige Sättigung des Absperr-
wassers in der Gasuhr und dem Druckregler zu erzielen, wurde
vor den Versuchen längere Zeit Wasserstoff durchgeleitet.

Die verwendeten Thermometer wurden miteinander und
mit einem von der Physikalisch-Technischen Reichsanstalt
geprüften Thermometer Nr. 20184 verglichen; es ergaben sich
die in Tabelle VII eingetragenen Resultate.

In den Protokollen der Versuche sind die wirklichen
Ablesungen der Thermometer, in der Berechnung die
auf Grund der Tabelle VII reduzierten Temperaturen eingetragen.

Die Experimenticrgasuhr wurde nach den Versuchen ohne
Veränderung ihrer Lage in der auf Seite 61 beschriebenen
Weise einer mehrmaligen Eichung unterzogen.

Die Heizwertbestimmung des Wasserstoffs wurde in sechs
Hauptversuchen vorgenommen und zwar in folgenden Vari-
ationen:

Zwei Versuche unter Verbrennung des Wasserstoffs mit
Luft in einem Argandbrenner (Abgase analysiert).

Zwei Versuche unter Verbrennung des Wasserstoffs mit
Sauerstoff in einem Knallgasbrenner bei Verhinderung der
Luftzufuhr.

Zwei Versuche unter Verbrennung des Wasserstoffs mit
Luft in einem Argandbrenner, unter Absaugung und Messung
der Abgase mittels eines Gasometers (Abgase analysiert).

Im folgenden sind die Versuche 1 und 2 vollständig
durchgerechnet, während von den übrigen Versuchen nur
die Protokolle (Prot. Nr. 3—5) sowie die wichtigsten Daten in
den Tabellen Nr. VIII, IX, X und XI Aufnahme gefunden
haben.

Tabelle VII.

Nr. 20 184	Nr. 20 178	Nr. III	Nr. 7	Nr. 38	Nr. 43	Nr. 51	Afsmanns Psychrometer	
							Trocken	Feucht
10,00	10,00	10,06	10,10	10,00	10,00	10,00	—	—
17,20	17,25	17,30	17,35	17,20	17,40	17,30	17,20	17,20
26,16	26,20	26,14	26,25	26,00	26,30	26,30	—	—
26,50	26,50	26,50	26,63	26,40	26,70	26,60	—	—

Protokoll Nr. 3.

Heizwertbestimmung von Wasserstoff.
Verbrennung mit Luft im Argandbrenner.

Versuch: Nr. 1 und 2.　　　　　　　Aachen, 3. April 1903

Die Ablesung von t_w erfolgt 50 Sek. später als die von t_k; ebenso geschieht das Ein- bzw. Ausschalten des Kalorimeterwassers 50 Sek. nach der ersten bzw. letzten Ablesung von t_k.

Aufserdem wird t_w alle 10 Sek. abgelesen, um die Schwankungen auszugleichen; nachstehend sind nur die Mittelwerte von t_w eingetragen.

Thermometer. Nr. 43 zeigt: $0,305°$ ⎫ bei derselben

　　　　》　　　》 44　》　$4,990°$ ⎬ Temperatur.

　　　》　　　》 51　》　$15,40°$ ⎭

Analyse der Abgase ergab: $CO_2 = 0,0 \%$

　　　　　　　　　　　$O = 14,3$ 》

　　　　　　　　　　　$N = 85,7$ 》

Versuch-Nr.	Zeit	Kalorimeter					Gasuhr für H			t_r Nr.31	b	Angaben des Psychrometers für Luftfeuchtigkeit	
		t_k Nr. 44	t_w Nr. 43	t_u Nr.51	Q kg	Kondenswasser g	Stand l	t_u Nr.38	β_H mm H_2O		mm H_y red. $0°$	t_{tr}	t_f
1	2	3	4	5	6	7	8	9	10	11	12	13	14
1	5 56	1,320		13,6	Tara: 2,870	Vor Beginn des Versuchs eingestellt, u. zwar beim Stand der Gasuhr 54,0 l Tara: 119,631	52,4	15,5	26	16,0	746,1		
	57	1,320		》			》	》	》	》	》		
	58	1,315		》			》	》	》	》	》		
	59	1,315		》			》	》	》	》	》		
	6 00	1,315		》			》	》	》	》	》		
	01	1,315		》			》	》	》	》	》		
	02	1,315		》			》	》	》	》	》		
	03	1,315		》			》	》	》	》	》		
	04	1,310		》			》	》	》	》	》		
	05	1,310		》	Brutto: 21,384		》	》	》	》	》		
	06						44,2						
Mittelwerte:		1,315	4,293	13,6	18,514		51,8	15,5	26	16,0	746,1		
2	6 06	1,300		13,6	Tara: 2,990		44,2	15,4	25	16,0	746,1	14,6	8,6
	07	1,295		》			》	》	》	》		
	08	1,295		》			》	》	》	》		
	09	1,290		》			》	》	》	》		
	10	1,280		》			》	》	》	》		
	11	1,275		》			》	》	》	》		
	12	1,265		》	Abgestellt beim Gasuhrstand 36,5 l brutto: 236,742		》	》	》	》		
	13	1,265		》			》	》	》	》		
	14	1,250		》			》	》	》	》		
	15	1,245		》	Brutto: 21,601		》	》	》	》		
	6 16						36,5						
Mittelwerte:		1,276	4,289	13,6	18,611	117,111 g auf 162,5 l	52,3	15,4	25	16,0	746,1	14,6	8,6

5 *

Berechnung der Versuche I und 2. (Prot. Nr. 3.)

In den nachstehenden Protokollen, Tabellen und Berech-
nungen sind folgende Bezeichnungen gewählt:

t_k untere Kühlwassertemperatur;

t_w obere   »   »

t_a Temperatur der Abgase am Abgasstutzen des Kalorimeters,

t_{uH} Temperatur des Wasserstoffs in der Gasuhr

t_g »   »   »   im Kubizierapparat,

t_r » der Laboratoriumsluft,

t_{u0} » des Sauerstoffs in der Gasuhr,

t_{tr} » » trock. Therm. ⎰ in Afsmanns

t_f » » feuchten » ⎱ Psychrometer.

b Barometerstand

β_H Überdruck des Wasserstoffs,

β_O » » Sauerstoffs,

p'_{uH} Tension des Wasserd. in H. bei t_{uH},

p'_{u0} » » » » O. » t_{u0},

w'_u Gewicht des gesättigten Wasserdampfes pro cbm
bei $t_u{}^0$,

Q Kühlwassermenge in kg (in der Luft gewogen),

V_u an der Gasuhr gemessenes Wasserstoffvolumen,

V_1 bzw. V_2 reduziertes Wasserstoffvolumen (auf 0^0, 760
Millimeter und Trockenheit).

Die Korrektion der Thermometerangaben wurde nach der
Tabelle VII vorgenommen. Aufserdem wurde die Korrektur
betr. »Heraushängenden Quecksilberfaden« nach der Formel
der Physikalisch-Technischen Reichsanstalt ausgeführt. Diese
Formel lautet:

$$X = \frac{n(T-t)}{6300},$$

in welcher n die Zahl der heraushängenden Grade, T die gemessene Temperatur und t die mittlere Quecksilbertemperatur
bezeichnen.

Reduktion des Wasserstoffvolumens auf 0°, 760 mm, Reinheit und Trockenheit.

Die Angaben der Gasuhr waren gemäfs Eichung bei diesen Versuchen zu hoch um:

0,69 %   bei 0,3 l/Min. Durchgangsmenge, aufserdem
0,30 %   bei 5,1 l/Min.   »   »

so dafs das gemessene Gasvolumen um diesen Wert zu reduzieren ist. Eine fernere Reduktion um 1,0 % erfordert der Sauerstoffgehalt des Wasserstoffs.

Für die Reduktion ergibt sich die Formel:

$$V = 0,99 \cdot 0,99 \; \frac{T}{T + t_u} \cdot \frac{b + \beta - p'_u}{760} \cdot V_u,$$

worin $T = 273°$ ist. Nach dieser Formel ist das reduzierte Wasserstoffvolumen:

1) für die Bestimmung des Kondenswassers:

$$V = 145,750 \text{ l.}$$

2) Für Versuch 1: $V_1 = 46,455$ l.

3)   »   »   2: $V_2 = 46,921$ l.

Berechnung der zur Verbrennung von 1 cbm Wasserstoff (von 0°, 760 mm) zugeführten Luftmenge (bzw. der Verbrennungsgase).

Die Analyse der Abgase ergab — abgesehen von Wasserdampf —:

$$CO_2 = 0,00 \%$$
$$O \;\; = 14,3 \%$$
$$H \;\; = 0,0 \%$$
$$N \;\; = 85,7 \% \text{ (Rest).}$$

Letztere in 100 cbm der Abgase enthaltenen 85,7 cbm Stickstoff sind entstanden aus:

$$85,7 \, N + \frac{21,33}{78,67} \cdot 85,7 \, O = 108,936 \text{ cbm Luft.}$$

Es sind also zur Erzeugung von 100 cbm Abgasen gebraucht worden 8,936 cbm Sauerstoff. 1 cbm Wasserstoffs gebraucht zur Verbrennung 0,5 cbm Sauerstoff, von denen im Wasserstoff bereits 0,01 cbm enthalten waren, so dafs nur 0,49 cbm Sauerstoff aus der Luft genommen wurden. Es beträgt also die Abgasmenge pro 1 cbm reinen Wasserstoffs von 0° 760 mm:
= 5,483 cbm.

Demnach die zugeführte Luftmenge: 5,983 cbm

    »   der   »   Sauerstoff: 1,625 ›

Es beträgt also die zugeführte Luftmenge das 3,25 fache der theoretisch erforderlichen Luft.

Dieses Resultat ist für Versuch 1 und 2 gültig.

Berechnung des zu- bzw. abgeführten Wassers (bez. auf l cbm H von 0° und 760 mm).

Zugeführtes Wasser.

1. Die Verbrennung des Wasserstoffs zu Wasser ergibt: 0,806004 kg.

2. Der Feuchtigkeitsgehalt des bei $t_u = 15,45°$ gesättigten Wasserstoffs beträgt:

$$w = 0,99 \frac{T + t_u}{T} \cdot \frac{760}{b + \beta - p'_u} \cdot w'_u = 0,014488 \text{ kg.}$$

3. Der Wassergehalt der Luft wurde mit Hilfe des Afsmannschen Psychrometers bestimmt und ergab bei einer Sättigungstemperatur von 2,25°:

    pro 1 cbm trockene Luft von 0° u. 760 mm: 0,00614 kg

    pro 1 cbm Wasserstoff von 0° 760 mm: 0,03673 kg.

Abgeführtes Wasser:

1. Abgase. (Sättig.-Temp. $t_k = 11,7°$). Also Wasserdampf- gehalt pro 1 cbm trockener Abgase von 0° und 760 mm: 0,01139 kg., d. i. pro 1 cbm Wasserstoff: 0,06244 kg.

2. Kondenswasser. Auf 145,750 l Wasserstoff wurden abgeführt 117,111 g Kondenswasser, also pro 1 cbm Wasserstoff von 0° und 760 mm: 0,804162 kg.

Bilanz der zu- und abgeführten Feuchtigkeitsmengen. (Pro l cbm H von 0° und 760 mm.)

Zugeführtes Wasser.		Abgeführtes Wasser.	
1. Bildungswasser (theor.)	0,806004 kg	1. Kondenswasser (gewogen) . . .	0,804162 kg
2. Wassergehalt des Wasserstoffs . .	0,014488 ›	2. Wassergehalt der Abgase	0,062440 ›
3. Wassergehalt der zugef. Luft . .	0,036730 ›		
4. Fehler	0,009380 ›		
	0,866602 kg		0,866602 kg

Ich habe also an Kondenswasser zuviel erhalten:

$$0,00938 \text{ kg/cbm},$$

d. i. $1,17\,^0/_0$ des gesamten Kondenswassers. Da das gemessene Wasser zur Bestimmung des unteren Heizwertes dient und letzterer bei Wasserstoff um ca. $15,8\,^0/_0$ kleiner als der obere ist, so wird der Fehler, den man bei der Berechnung des unteren Heizwertes mittels des aufgefangenen Kondenswassers begehen würde, betragen:

$$0,0117 \cdot 0,158 = 0,00185 = 0,185\,^0/_0$$

des oberen Heizwertes.

Berechnung der von aufsen zugeführten und der nach aufsen abgeführten Wärmemengen. (Exkl. der Verbrennungswärme.)

a) Zugeführte Wärme.

1. Durch den Wasserstoff. $\gamma = 0,089\,556$;
   $c_p = 3,409$; $t_u = 15,5\,^0$.
   $W = 4,73$ Kal.
2. Durch die Verbrennungsluft. $5,983$ cbm;
   $\gamma = 1,2932$; $c_p = 0,2375$; $t_r = 15,3\,^0$.
   $W = 27,47$ Kal.
3. Durch den zugeführten Wasserdampf. Allgemein setzt sich dieser Wärmewert für gesättigten Dampf von t^0 — gegenüber solchem von 0^0 — zusammen:

   $\alpha)$ Aus der Gesamtwärme der Dampfmenge, die bei der Abkühlung von t auf 0^0 zu flüssigem Wasser wird.

   $\beta)$ Aus der (sehr geringen) Wärmemenge, welche dem bei 0^0 in Dampfform verbleibenden Wasserdampf infolge seiner höheren Temperatur bei t^0 innegewohnt hat. Die Menge dieses gesättigten Dampfrestes ist dadurch bestimmt, dafs sich sein Gewicht zu dem des gesättigten Dampfes bei t^0 verhält, wie die entsprechenden spezifischen Gewichte.

   $\gamma)$ War der bei t^0 gesättigte Wasserdampf noch auf t'^0 überhitzt, so kommt zu obigen Wärmemengen noch diejenige hinzu, die das Gesamtdampfgewicht infolge seiner Überhitzung enthalten hat.

Das gesamte Gewicht des bei t^0 gesättigten Dampfes sei gleich w_t, des durch Abkühlung auf 0^0 verbleibenden gesättigten Dampfes $= w_0$, und γ_t bzw. γ_0 seien die spezifischen Gewichte des gesättigten Wasserdampfes von t bzw. 0^0. Es ist dann:

$$w_0 = w_t \cdot \frac{\gamma_0}{\gamma_t} \text{ und } w_t - w_0 = \left(1 - \frac{\gamma_0}{\gamma_t} \right) w_t.$$

Bezeichnet ferner λ_t die Gesamtwärme des gesättigten Wasserdampfes von t^0 und t' die Überhitzungstemperatur des Gesamtdampfgewichtes, so ist die in demselben enthaltene Wärmemenge, getrennt nach vorstehenden Unterscheidungen:

ad α: $\left(1 - \dfrac{\gamma_0}{\gamma_t} \right) w_t \cdot \lambda_t$;

» β: $w_0 \cdot c_v \cdot t$; $c_v = 0{,}3337$ [ges. Dampf (Hütte, 16. Aufl. S. 299)];

» γ: $w_t \cdot c'_v \cdot (t' - t)$; $c'_v = 0{,}3694$ [mäfs. überh. Dampf (Hütte, 16. Aufl. S. 299.)].

Für den vorliegenden Versuch ergibt sich hiernach die dem Kalorimeter durch den Wasserdampf zugeführte Wärmemenge (gegenüber 0^0):

im **Wasserstoff**:　α)　$W = 6{,}13$　Kal.

　　　　　　　　β)　$W = 0{,}08$　»

　　　　　　　　　　$W = 6{,}21$　Kal.

in der **Luft**:　　α)　$W = 3{,}23$　Kal.

　　　　　　　β)　$W = 0{,}023$　»

　　　　　　　γ)　$W = 0{,}176$　»

　　　　　　　　　$W = 3{,}43$　Kal.

b) Abgeführte Wärme.

1. Durch Strahlung.　$t_r = 15{,}3$; $t_m = \dfrac{t_k + t_w}{2} = 15{,}5^0$.

　　Zeit für die Verbrennung von 1 cbm H: 3 Stunden 32 Minuten. Also:

　　$W = (t_m - t_r) \cdot 0{,}622 \cdot 3{,}5 = 0{,}44$ Kal.

2. Durch die Abgase. 5,483 cbm; $t_a = 13{,}6$;

　　$c_p = 0{,}2375$ (wie Luft angenommen).

　　$\gamma = 1{,}2932$ (　»　　　»　　　　»　　　). Also:

　　$W = 22{,}9$ Kal.

3. Durch das Kondenswasser. 0,804 kg; $t = 13,5^0$.
$W = 0,804 \cdot 13,5 = 10,85$ Kal.

4. Durch den Wasserdampfgehalt der Abgase:

$\alpha)$ $W = 21,20$ Kal.

$\beta)$ $W = 0,11$ »

$\gamma)$ $W = 0,04$ »

$W = 21,35$ Kal.

Bilanz der zu- und abgeführten Wärmemengen. (Exkl. Verbrennungswärme.)

Zugeführte Wärme.		Abgeführte Wärme.	
1. Durch den Wasserstoff (trocken) . .	4,73 Kal.	1. Durch Strahlung .	0,44 Kal.
2. Durch die Verbrennungsluft(trocken)	27,47 »	2 » die Abgase (trocken)	22,90 »
3. Durch den Wasserdampf:		3. Durch d. Kondenswasser	10,85 »
a) im Wasserstoff	6,21 »	4. Durch den Wasserdampf der Abgase	21,35 »
b) in der Luft .	3,43 »		
4. Differenz . . .	13,70 »		
	55,54 Kal.		55,54 Kal.

Es sind diese 13,7 Kal. $= 0,45\,^0/_0$ auf 1 cbm Wasserstoff verloren gegangen; dieselben sind also dem aus der Wassermenge und deren Temperatur berechneten Heizwert zuzurechnen.

Berechnung des Heizwertes.

Versuch 1.

$Q = 18,514$ kg (in der Luft gewogen).

$t_d = t_w - t_k = 7,671^0$; $V = 46,455$ l.

Versuch 2.

$Q = 18,611$ kg (in der Luft gewogen.)

$t_d = 7,706^0$; $V = 46,921$ l.

Unter Annahme der spezifischen Wärme des Wassers bei der mittleren Versuchstemperatur von $15,5^0 = 1$ ergibt sich die vom Wasser aufgenommene Wärmemenge pro 1 cbm Wasserstoff zu:

3057,0 Kal. bei Versuch 1,

3056,5 » » » 2.

Tabelle VIII.
Reduzierte Temperaturen und Drucke.

Versuch-Nr.	t_k	t_w	t_{uH}	β_{II}	p'_H	t_{u0}	β_0	p'_0	t_a	t_r	b	Gasuhr-Fehler
1	2	3	4	5	6	7	8	9	10	11	12	13
1	11,722	19,393	15,50	1,91	13,086	—	—	—	13,60	15,30	746,1	$\left.\right\}$ +0,99 °/₀
2	11,683	19,389	15,40	1,84	13,003	—	—	—	13,60	15,30	»	
3	11,610	27,510	16,00	1,70	13,553	16,50	0,81	13,946	21,37	16,50	728,3	$\left.\right\}$ +1,60 »
4	11,595	27,400	16,15	1,70	13,640	16,60	0,81	14,035	21,56	16,60	»	
5	11,618	23,678	16,70	1,70	14,124	—	—	—	14,20	16,90	»	$\left.\right\}$ +1,52 »
6	11,452	23,397	16,75	1,70	14,169	—	—	—	13,70	16,90	»	

Tabelle IX.

Zusammenstellung der zu- bzw. abgeführten Wassermengen.

(Bezogen auf 1 cbm H von 0° und 760 mm.)

Versuch-Nr.	Zugeführtes Wasser				Abgeführtes Wasser			Überschuß des Kondenswassers		Einfluß auf den unteren Heizwert in %
	Bildungswasser (theor.) kg	Wassergehalt des Wasserstoffs kg	der Luft bzw. des Sauerstoffs kg	Summe [2+3+4] kg	Kondenswasser (gewogen) kg	Wassergehalt der Abgase kg	Summe [6+7] kg	in kg [5−8] kg	in % des theor. Bildungswassers [9:2]	
1										
2	0,806004	0,014488	Luft 0,036730	0,857222	0,804160	0,062440	0,86660	+0,00938	+1,17	−0,185 %
3										
4	0,806004	0,015480	Sauerstoff 0,010280	0,831764	0,842600	0,001776	0,844376	+0,012612	+1,56	−0,25 »
5										
6	0,806004	0,016220	Luft 0,051175	0,873399	0,815980	0,056290	0,872270	−0,00113	−0,14	+0,02 »

Tabelle

Zusammenstellung der zu- und

exkl. der vom Kalorimeter-

(Bezogen auf 1 cbm H von 0° u. 760 mm.

Ver-such-Nr.	Wasserstoff				Luft bzw. Sauerstoff			
	Menge	Wärmeinhalt		Sättig.-Temp.	Menge	Wärmeinhalt		Sättig.-Temp.
		des trok-kenen Wasser-stoffs	des Wasser-dampfes			der trockenen Luft (bzw. O)	des Wasser-dampfes	
	cbm	Kal.	Kal.		cbm	Kal.	Kal.	
1	2	3	4	5	6	7	8	9
1	1	} 4,73	6,21	15,45	Luft 5,983	27,47	3,43	2,25
2	1							
3	1	} 4,88	6,16	16,10	Sauerstoff 0,6526	3,35	5,00	16,55
4	1							
5	1	5,10	6,36	16,70	Luft 5,67	29,40	17,50	9,8
6	1	5,10	6,36	16,75	5,15	26,70	15,88	9,8

Der obere Heizwert ist also unter obiger Annahme der spezifischen Wärme des Wassers und unter Berücksichtigung der oben ermittelten Korrektion von 13,7 Kal.:

3070,70 Kal./cbm (Versuch 1),

3070,20   »   (»   2), oder bei dem

spezifischen Gewicht des Wasserstoffs von 0,089 556:

H = 34 290 Kal./kg (Versuch 1),

H = 34 284   »   »   2).

Versuch 3 und 4.

Verbrennung von Wasserstoff mit Sauerstoff im Knall-gasbrenner (s. Prot. Nr. 4).

Der Sauerstoff wurde aus einem größeren Gasometer (300 l) entnommen und durch eine Gasuhr dem Knallgas-brenner zugeführt. Letzterer trug an seinem unteren Ende eine Platte, welche das Kalorimeter dicht abschloß, so daß Luft nicht durchströmen konnte.

Das Ergebnis der Versuche 3 und 4 ist:

X.

abgeführten Wärmemengen
Wasser aufgenommenen Wärme.
Luft und Verbrennungsprodukte: 0°.)

Abgase				Kon-dens-wasser	Strah-lung	Gesamte Wärme		Überschufs der Wärmezufuhr	
Menge	Wärmeinhalt		Sättig.-Temp.			Zu-fuhr	Ab-fuhr	in Kal.	in % des oberen Heiz-wertes
	der trockenen Abgase	des Wasser-dampfes							
cbm	Kal.	Kal.		Kal.	Kal.	Kal.	Kal.		
10	11	12	13	14	15	16	17	18	19
5,483	22,90	21,35	11,70	10,85	0,44	41,84	55,54	− 13,70	− 0,45
0,1526	1,02	0,57	11,60	13,90	7,23	19,39	22,72	− 3,33	− 0,108
5,17	22,50	19,51	11,60	10,20	1,68	58,36	53,89	+ 4,47	+ 0,145
4,65	19,60	17,55	11,45	10,20	1,68	54,04	49,03	+ 5,01	+ 0,163

Versuch 3.

H = 3069,83 Kal./cbm oder H = 34278 Kal./kg.

Versuch 4.

H = 3069,33 Kal./cbm oder H = 34272 Kal./kg.

Hierbei ist die spezifische Wärme des Wassers bei der mittleren Versuchstemperatur von 19,5° gleich 1 gesetzt.

Versuch 5 und 6.

Verbrennung des Wasserstoffs im Argandbrenner mit Luft (s. Prot. Nr. 5).

Sämtliche Abgase wurden mittels eines Gasometers von 1000 l Inhalt gleichmäfsig abgesaugt und ihre Menge zugleich auf diese Weise bestimmt. Aufserdem wurde die Abgasmenge aus der Analyse bestimmt.

Das Ergebnis dieser Versuche ist:

Versuch 5.

H = 3067,9 Kal./cbm oder H = 34257 Kal./kg.

Versuch 6.

H = 3050,8 Kal./cbm oder H = 34067 Kal./kg.

Protokoll Nr. 4.

Versuch: 3 und 4.

Heizwertbestimmung von Wasserstoff.   Aachen, den 4. Mai 1903.

Verbrennung mit Sauerstoff im Knallgasbrenner.

Die Ablesung von t_w, sowie die Ein- bzw. Ausschaltung des Kalorimeterwassers erfolgt jedesmal 2 Min. später als die Ablesung von t_k. Ablesung von t_w alle 30 Sek.

Heraushängender Quecksilberfaden bei Therm. Nr. 20178: 4°, bei Therm. Nr. 20184: 1°. Verbrennungskammer unten luftdicht verschlossen. Abgasstutzen ganz geöffnet.

Versuch-Nr.	Zeit	\$t_k\$ (20178)	\$t_w\$ (20184)	\$t_a\$ Nr. 51	Q kg	Kondens-wasser g	Gasuhr für H Stand	\$t_{uH}\$ Nr. 7	\$\beta_H\$ mm H\$_2\$O	Gasuhr für O Stand	\$t_{uO}\$ Nr. 43	\$\beta_O\$ mm H\$_2\$O	\$t_r\$ Nr. III	b reduz. auf 0° mm	\$t_r\$	\$t_f\$
3	10⁰⁰	11,60	27,65 } 27,33	21,5	Tara: 2,868	Einge-schaltet vor d Versuche beim Stand der kleinen Gasuhr: 16,6 1	57,7	16,2	23	162,9	16,7	11	16,5		16,6	12,2
	01	11,61	27,42 } 27,40	„				„	„	„	„	„	„			
	02	11,61	27,38 } 27,47	„		Tara: 119,631		„	„	„	„	„	„			
	03	11,62	27,61 } 27,43	21,6				„	„	„	„	„	„			
	04	11,62	27,40 } 27,42	„				„	„	„	„	„	„			
	05	11,62	27,25 } 27,30	21,4				„	„	„	„	„	„			
	06	11,62	27,39 } 28,20	„				„	„	„	„	„	„			
	07	11,62	27,70 } 27,40	„				16,3	„	„	„	„	„	728,3		
	08	11,62	27,42 } 27,35	„				„	„	„	„	„	16,6			
	09	11,62	27,22 } 27,40	„				„	„	„	„	„	„			
	10		27,40		Brutto: 11,420		48,815			196,63						
Mittelwerte:		11,616	27,454	21,47	8,552		51,115	16,2	23	33,73	16,7	11	16,5	728,3	16,6	12,2

	11,61	27,..	21,5	Tara/Brutto	Gasuhr	48,815	16,3	23	196,63	16,7/16,8	11	16,7	728,3	16,6	12,05
10¹⁰	11,61	27,15 / 27,32	21,5	Tara: 2,980		48,815	16,3	23	196,63	16,7	11	16,7	728,3	16,6	12,05
11	11,61	27,30 / 27,48	„				„	„		„	„	„			
12	11,61	27,55 / 27,34	„				„	„		„	„	„			
13	11,61	27,49 / 27,42	„				„	„		16,8	„	„			
14	11,61	27,65 / 27,51	„				„	„		„	„	„			
15	11,61	27,50 / 27,55	21,4				„	„		„	„	„			
16	11,61	27,28 / 27,15	„				„	„		„	„	„			
17	11,60	27,06 / 27,12	22,0		Abgestellt bei Gasuhrstand 55,141 Brutto: 236,080		„	„		„	„	„			
18	11,60	27,27 / 27,20	„				„	„		„	„	„			
19	11,60	27,28 / 27,30	„	Brutto: 11,578		39,930	„	„	227,05	„	„	„			
20	11,55		21,8			51,115	16,3	23		16,8	11	16,7	728,3	16,6	12,05
Mittelwerte:	11,601	27,345	21,66	8,598	116,449 auf 158,541	51,115	16,3	23	30,42	16,8	11	16,7	728,3	16,6	12,05

Protokoll Nr. 5.

Heizwertbestimmung von Wasserstoff.

Verbrennung mit Luft im Argandbrenner.

Aachen, 4. Mai 1903.

Versuch: 5 und 6.

Die Abgase wurden sämtlich durch ein Gasometer abgesaugt.

Ablesung von t_w, sowie Ein- bzw. Ausschaltung des Kalorimeterwassers 2 Min. später als die von t_k.

t_w alle 30 Sek. abgelesen.

Analyse der Abgase: O = 13,3%, H = 0,0 », N = 86,7 ».

Versuch-Nr.	Zeit	t_k (20178)	t_w (20184)	t_a Nr. 51	Q kg	Kondens-wasser g	Gasuhr für H Stand 1	t_u Nr. 43	β mm H_2O	Gasometer für Abgase Stand 1	t_g	β mm H_2O	t_r Nr. III	b reduz. auf 0° mm	t_{tr}	t_f
1	2	3	4	5	6	7	8	9	10	11	12	13	14	15	16	17
5	2 56	12,20	24,10 / 23,97	14,5	Tara: 2,875	Eingeschaltet vor d. Versuche beim Gasuhrstand 6,5 l. Tara: 119,631	32,4	16,9	23	156	16,2	6	16,9	728,3	16,8	12,6
	57	12,20	24,20 / 24,00	»			»	»	»	»	»	»	»	»	»	»
	58	12,16?	24,00 / 24,03	»			»	»	»	»	»	»	»	»		
	59	11,80	24,04 / 23,95	»			»	»	»	»	»	»	»	»		
	3 00	11,85	24,00 / 23,55	14,4			»	»	»	»	»	»	16,95	»		
	01	11,70	23,75 / 23,70	14,3			»	»	»	»	»	»	»	»		
	02	11,35	23,63 / 23,38	»			»	»	»	»	»	»	»	»		
	03	11,00	23,39 / 23,20	14,0			»	»	»	348	»	»	17,0	»		
	04	10,92	23,05 / 22,95	13,9			»	»	»		»	»	»	»		
	05	11,00	22,92 / 22,80	13,9			»	»	»		»	»	»	»		
	06				Brutto: 11,339		10,82									
Mittelwerte:		11,618	23,626	14,28	8,464		38,42	16,9	23	192	16,2	6	16,95	728,3	16,8	12,6

3 06	11,10	23,00 / 22,88	13,7	Tara: 2,985	10,82	16,9	23	348	16,2	6	17,0	728,3
07	11,22	23,33 / 23,08	»			»	»	»	»	»	»	
08	11,37	23,17 / 23,18	»			16,95	»	»	»	»	»	
09	11,44	23,20 / 23,38	»			»	»	»	»	»	17,05	»
10	11,50	23,30 / 23,35	13,8			»	»	»	»	»	»	
11	11,54	23,50 / 23,45	»			»	»	»	»	»	»	
12	11,57	23,50 / 23,50	14,0			»	»	»	»	»	»	
13	11,59	23,51 / 23,54	»			»	»	»	»	»	»	
14	11,595	23,57 / 23,52	»	Abgestellt bei Gasuhrstand 27,30]		»	»	520	»	»	»	
15 16	11,60	23,45 / 23,49	»	Brutto: 11,466 / Brutto: 219,000		»	»		»	»	»	
Mittelwerte:	11,452	23,345	13,84	8,481 / 99,369 auf 140,8]	38,32 / 49,14	16,95	23	172	16,2	6	17,0	728,3

¹) Wasserentnahme aus der (das Kalorimeterwasser liefernden) Wasserleitung an einer anderen Stelle, wodurch t_k und t_w sanken.

Zu letzteren Resultaten ist zu bemerken, daſs, wie aus
Prot. Nr. 5 hervorgeht, gegen Schluſs des Versuches 5 aus
der Wasserleitung, welche auch das Kalorimeterwasser lieferte,
an anderer Stelle eine gröſsere Wasserentnahme erfolgte, wodurch erhebliche Schwankungen in der Wassertemperatur ein-
traten, die auch im Verlaufe des an Versuch 5 sich gleich
anschlieſsenden Versuchs 6 noch bemerkbar waren und die
die Resultate in etwa getrübt haben dürften.

In Tabelle XI habe ich die Ergebnisse obiger sechs Versuche zusammengestellt mit Angabe der Temperaturen, bei
welchen die spezifische Wärme des Wassers gleich 1 gesetzt
wurde.

Tabelle XI.

Versuch-Nr.	Heizwert von 1 kg H von 0° Kal.	Spez. Wärme des Wassers gleich 1 bei der Temperatur:
1	34 290	15,5
2	34 284	15,5
3	34 278	19,5
4	34 272	19,5
5	34 257	17,5
6	34 067	17,5
Mittel:	34 241	17,5

Zum Vergleich mit diesen Resultaten sind die durch die
Physiker gefundenen Werte nicht direkt verwendbar. Dieselben sind nämlich zum Teil durch Verbrennung bei konstantem Volumen, zum Teil bei konstantem Druck ermittelt;
ferner haben diese Forscher verschiedene spezifische Wärmen
für das Wasser eingeführt.

Am geeignetsten dürften zu einem Vergleich die von
Thomsen[1]) gefundenen Ergebnisse sein, die nämlich ebenfalls durch Verbrennung in vollständig offener Verbrennungs-

---

[1]) Poggend. Ann. CXLVIII, S. 368.

kammer ermittelt worden sind, und die den Durchschnitt
einer grofsen Zahl von sorgfältig angestellten Versuchen
bilden. v. Than[1]) hat den Thomsenschen Mittelwert umgerechnet für 1 kg Wasserstoff von 0^0, verbrannt mit Sauerstoff von 0^0 zu flüssigem Wasser von 0^0. Er fand: H =
34217,5 Kal./kg.

Bei dieser Umrechnung ist die spezifische Wärme des
Wassers in dem Intervall der Versuchstemperaturen (von 16
bis 20^0) gleich der Einheit gesetzt.

Das Kalorimeterwasser ist weder durch Thomsen noch
durch v. Than hierbei auf Luftleere reduziert. Es würde
dieses eine Erhöhung des Heizwertes um $0,12^0/_0$ bewirken.
Ich habe bei meinen Versuchen die Reduktion des Kalorimeterwassers auf Luftleere ebenfalls nicht vorgenommen und
zwar deshalb, um einen direkten Vergleichswert mit den obigen
Thomsenschen Resultaten zu erhalten.

Der Mittelwert meiner sechs Versuche ist 34241 Kal.,
wobei die spezifische Wärme des Wassers im Mittel bei $17,5^0$
gleich 1 gesetzt ist. Da letztere bei Thomsen im Mittel bei
18^0 gleich 1 angenommen wurde, so dürfte der Thomsen-
v. Thansche Wert hiermit direkt vergleichbar sein. Die
Differenz von $0,5^0$ in den Versuchstemperaturen würde meinen
Heizwert erhöhen:

um 1 Kal. nach der von Regnault[2]) und
» 5 » » » » Baumgartner[3])

beobachteten Steigerung der spezifischen Wärme des Wassers
mit der Temperatur.

Ich darf wohl diese letzte Korrektion infolge ihrer Geringfügigkeit und Unbestimmtheit fortlassen und meine Werte
direkt mit den Thomsen-v. Thanschen Ergebnissen vergleichen. Es ergibt sich dann, dafs der von mir gefundene
Wert um nur 23,5 Kal., d. i. um $0,069^0/_0$ gröfser ist, als der
auf dieselben Grundlagen bezogene Thomsensche Heizwert.

---

[1]) Wiedem. Ann. 1881 XIV, S. 417.
[2]) Ann. d. Phys. VIII, S. 652.
[3]) Ebenda.

Lasse ich meine Versuche 5 und 6 als zweifelhaft unbe-
rücksichtigt, so erhalte ich als Mittelwert $H = 34281$ Kal./kg
bei der spezifischen Wärme bei 17,5 ^{0} gleich 1.   Dieser Wert
würde also um 63,5 Kal. $= 0,185\,^0/_0$ gröfser als der Thomsen sche sein.

Die angestellten Untersuchungen und deren Resultate
dürften zu der Folgerung berechtigen, dafs das Junkers sche
Kalorimeter sich auch für rein wissenschaftliche Heizwertbestimmungen sehr gut eignet.

Es mag hier noch hingewiesen werden auf ein wichtiges
Ergebnis dieser Versuche, nämlich auf den geringen Fehler,
den man bei Vernachlässigung der in dem Kalorimeter begründet liegenden Fehlerquellen begeht.

In Tabelle X Spalte 18 und 19 sind diese Fehler nach
ihrer absoluten Gröfse und in Prozenten des Heizwertes eingetragen.   Der gröfste Fehler beträgt nur 0,45 $^0/_0$ und ist darin
begründet, dafs, wie aus Spalte 9 Tabelle X hervorgeht, die
Luftfeuchtigkeit im Laboratorium an dem Versuchstage aufser-
gewöhnlich niedrig war.

Dritter Abschnitt.

Anwendung des Junkersschen Kalorimeters auf heizarme Gase.

Im folgenden soll versucht werden, das Anwendungs-gebiet des Junkersschen Kalorimeters zu vergröfsern.

Bisher wurde dasselbe hauptsächlich benutzt zur Heiz-wertbestimmung von solchen Gasen, die noch ohne Schwierig-keit im gewöhnlichen Bunsenbrenner verbrannt werden können, ferner zur Bestimmung des Wärmeinhaltes von Dämpfen und Abgasen und zur Heizwertbestimmung von leichten flüs-sigen Brennstoffen.

Da man in heutiger Zeit immer mehr dazu übergeht, die billigen heizarmen Generatorgase und die noch schwächeren Gichtgase der Hochöfen auszunutzen, und da es nicht aus-geschlossen ist, dafs noch ärmere Brenngase zur technischen Verwendung kommen, ist es wünschenswert, den Heizwert auch dieser schwachen Gase in einfacher und sicherer Weise bestimmen bzw. kontrollieren zu können.

Hier stellen sich aber bei den Gasen mit einem Heizwert von weniger als 900 Kal. Schwierigkeiten in der Verbrennung ein dadurch, dafs dieselben in den gewöhnlichen Brennern nur bei sehr geringer Ausströmungsgeschwindigkeit (0,8 m/Min.) oder sogar überhaupt nicht mehr zur Verbrennung gebracht werden können.

Ich habe daher untersucht, mit welchen Mitteln und bis zu welcher Grenze die Entzündung und Verbrennung dieser Gase im Kalorimeter noch mit Sicherheit bewirkt werden kann.

Der Grund, warum diese Gase nicht mehr selbständig brennen, dürfte darin zu suchen sein, dafs die brennbaren Moleküle in dem Gasgemisch zu weit voneinander entfernt liegen, so dafs die sie umhüllenden indifferenten Gasteilchen bei der naturgemäfs sehr trägen Verbrennung z. B. des einen Moleküls verhindern, dafs durch eine hinreichend schnelle Wärmeleitung das benachbarte brennbare Molekül bis zur Entzündungstemperatur erhitzt wird. Dieser Übelstand wird durch die zugeführte kalte Verbrennungsluft und deren Überschufs noch vergröfsert.

Den Einflufs der grofsen Molekülentfernung kann man auf verschiedene Weise verringern, und es gilt zu untersuchen, welches Mittel am besten zum Ziele führt.

Die Entfernung der brennbaren Moleküle voneinander läfst sich dadurch verkleinern, dafs man die Zahl derselben pro Volumeneinheit vergröfsert durch Zuführung von fremden brennbaren Molekülen in Form von heizkräftigen Gasen mit bekanntem Heizwert. Diese Methode hat den Nachteil, dafs ein kleiner Fehler in der Mengenbestimmung des Zusatzgases sich in bedeutend erhöhtem Mafse auf das Resultat geltend macht. Verbrenne ich z. B. 2 cbm des zu untersuchenden Gases von 700 Kal. mit 1 cbm Leuchtgas von 5000 Kal. und begehe bei der Messung des Leuchtgases einen Fehler von 1 %, so äufsert sich letzterer auf den Heizwert des zu untersuchenden Gases mit 3,6 %.

Aufser der Vermehrung der Nebenarbeiten durch die Messung des Zusatzgases erhält man bei dieser Methode also auch noch diese gröfsere Fehlerquelle.

Man kann aber auch die Temperaturerhöhung der Gas- und Luftmoleküle v o r der Verbrennung, statt w ä h r e n d derselben vornehmen. Dieses kann nun bewirkt werden entweder durch eine fremde Wärmequelle von bekanntem Heizwert oder durch die Verbrennungswärme des zu untersuchenden Gases selbst. Um diese Möglichkeit beurteilen zu können, habe ich durch ein flachgedrücktes, in Spiralform aufgewickeltes dünnwandiges Neusilberrohr von 1×25 mm Querschnitt und ca. 200 qcm Oberfläche Luft geleitet und deren Temperaturerhöhung bei Erhitzung des Rohres bestimmt. Ich

konnte nnn bei heller Rotglut der Spirale eine Temperaturerhöhung der hindurchgeleiteten Luft um ca. 400⁰ erreichen.
Hierzu war aber selbst bei sorgfältiger Vermeidung der Strahlungsverluste eine sehr starke fremde Wärmequelle notwendig.
Es würden sich also bei Ausführung der Heizwertbestimmungen nach dieser Methode die oben besprochenen Mifs
stände in erhöhtem Grade bemerkbar machen.

Die Erwärmung der Spirale durch die Flamme des zu
untersuchenden Gases selbst war wegen des geringen Wärme-
übertragungskoeffizienten von gasförmigen
durch feste auf gasförmige Körper bei
den heizarmen Gasen bei weitem nicht
hinreichend, um eine genügende Vorwärmung zu erzielen.

Eine bessere Vorwärmung mittels der
eigenen Flamme läfst sich erzielen durch
unmittelbare Erwärmung des zu untersuchenden Gases ohne Anwendung von
Zwischenwänden. Ich habe dieses in einfacher Weise erreicht durch Umkehren eines
als Brenner dienenden Rohres (Fig. 19).
In der Tat liefs sich ein aus Leuchtgas
und Kohlensäure hergestelltes Gas von
ca. 900 Kal. in diesem umgekehrten
Rohre verbrennen, während bei aufrechter
Stellung desselben die Flamme sofort er-
losch. Es war jedoch die Flamme so
empfindlich gegen Luftbewegungen, dafs
eine Anwendung dieses Brenners mir nicht sicher genug
erschien.

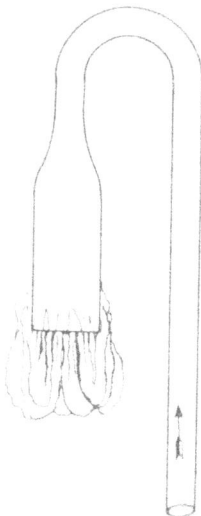

Fig. 19.

Schliefslich ist es noch möglich, die grofse Menge der
bei der Verbrennung vorhandenen indifferenten Gase dadurch
zu verringern, dafs man statt der Verbrennungsluft mit ihrem
hohen Stickstoffgehalt reinen Sauerstoff zuführt. Hierdurch
wird aufserdem die Verbrennung der einzelnen Moleküle
derart beschleunigt, dafs eine gröfsere Temperaturerhöhung
der benachbarten brennbaren Moleküle eintritt, während bei
langsamer Verbrennung die Wärme sich auf gröfsere Gas-

mengen verteilen und dadurch eine geringere Temperaturerhöhung derselben bewirken würde. Der Versuch, der mit einem Knallgasbrenner vorgenommen wurde, zeigte, dafs sich ein aus Leuchtgas und Kohlensäure gemischtes Gas von 670 Kal. mit reinem Sauerstoff in sicherer Weise verbrennen liefs. Die dazu benötigte Minimalsauerstoffmenge betrug 0,62 cbm pro 1 cbm Gas.

Behufs Prüfung der vollkommenen Verbrennung wurde das Gasgemisch, dessen Heizwert bekannt war, fortlaufend bis auf den letzten Rest kalorimetriert. Der gefundene Gesamtheizwert entsprach hinreichend genau dem theoretischen.

Diese Versuche dürften dargetan haben, dafs die einfachste und sicherste Verbrennung heizarmer Gase bis zu 670 Kal. herab im Kalorimeter durch die Anwendung von reinem Sauerstoff mittels Knallgasbrenners bewirkt werden kann. Diese Grenze wird zurzeit hinreichend sein; denn die bis jetzt verwendeten schwächsten Gase, nämlich die Gichtgase der Hochöfen, haben einen durchschnittlichen Heizwert von 800—1100 Kal. pro cbm.

Vierter Abschnitt.

Anwendung des Junkersschen Kalorimeters auf flüssige Brennstoffe.

Während die Heizwertbestimmung leichter flüssiger Brennstoffe in diesem Kalorimeter schon seit längerem vorgenommen wurde, versagten bei schwereren Ölen die bisherigen Verbrennungsvorrichtungen.

Um diese in geeigneter Weise herstellen zu können, ist es nötig, von den Eigenschaften der in Betracht kommenden Brennstoffe auszugehen. Als solche sind für technische Zwecke neben dem Spiritus hauptsächlich die Erdöle und deren Destillate im Gebrauch, da diese infolge ihres verhältnismäfsig geringen Preises die meiste Verwendung zur Krafterzeugung und Heizung finden. Diese Rohöle bestehen aus einem Gemenge von mehreren Ölen mit sehr verschiedenem Siedepunkte und spezifischem Gewichte. Die durch fraktionierte Destillation aus den Rohölen gewonnenen Destillate bilden ebenfalls noch ein Ölgemenge mit verschiedenen Siedepunkten und spezifischen Gewichten ihrer Bestandteile. Während bei den besseren und teureren Destillaten die äufseren Grenzen der Siedepunkte und somit das spezifische Gewicht der Bestandteile (die Siedepunkte als proportional den spezifischen Gewichten angenommen, was ungefähr zutrifft) verhältnismäfsig nahe beieinander liegen, ist dieses bei den schwereren Ölen und namentlich bei den billigeren sogenannten Motorölen nicht der Fall.

Es ist infolgedessen bei der Verbrennung dieser Öle darauf zu achten, dafs der Brenner zu jeder Zeit das gleiche
Gewicht zur Flamme bringt, damit nicht etwa zuerst die flüch-
tigeren Teile und dann die schwereren Rückstände verbrennen.

Um die Erprobung der von mir konstruierten Verbrennungsvorrichtungen nach diesen Gesichtspunkten vornehmen
zu können, habe ich bei einer Reihe von Erdöl- und Braun-
kohlenteerdestillaten die mit der fortschreitenden Verdampf-
fung der einzelnen Bestandteile steigenden Siedetemperaturen
bestimmt. Die Ergebnisse sind in Fig. 20 graphisch aufgetragen, und zwar als Abszissen die überdestillierten Ölmengen
in Prozent der ursprünglichen Menge, als Ordinaten die
zugehörigen Siedetemperaturen. Aus der Figur ist ersichtlich, dafs alle untersuchten Destillationsprodukte von mehr
oder weniger verschiedener Zusammensetzung sind, dafs besonders aber bei dem Petroleum III (Motorpetroleum) der
Unterschied in den Siedepunkten der Bestandteile ein sehr
grofser ist.

Wenn also ein Brenner letzteres Öl in stets gleichförmigem
Gemenge zur Verbrennung bringt, so dürfte damit dessen
Brauchbarkeit erwiesen sein; vorausgesetzt natürlich, dafs die
Verbrennung eine vollkommene ist.

Der gewöhnliche Dochtbrenner, wie er in den Petroleum-
lampen zur Verwendung kommt, bietet keine Gewähr für
gleichmäfsiges Ansaugen des Ölgemisches. Ich habe denselben deshalb in folgender Weise abgeändert. Die Gröfse
des ursprünglichen Ölbehälters wurde so stark reduziert, dafs
nur der etwas verlängerte ringförmige Teil des Brenners mit
entsprechend kurzem Dochte, der den ganzen Ringraum aus-
füllte, bestehen blieb. Die Brennstoffzufuhr zu dem Docht
erfolgte zwecks Vermeidung von Störungen durch ein sehr
enges Rohr aus dem neben dem Brenner befindlichen offenen
Ölbehälter. Die durch diese Konstruktion bedingte geringe
Saughöhe des Dochtes bewirkte aber eine zu reichliche Öl-
zufuhr zu der Flamme, so dafs ein Überlaufen (Ersaufen) des
Brenners eintrat.

Der Verwendung eines Dochtbrenners im Kalorimeter,
insbesondere eines von gröfseren Dimensionen, wie er zu

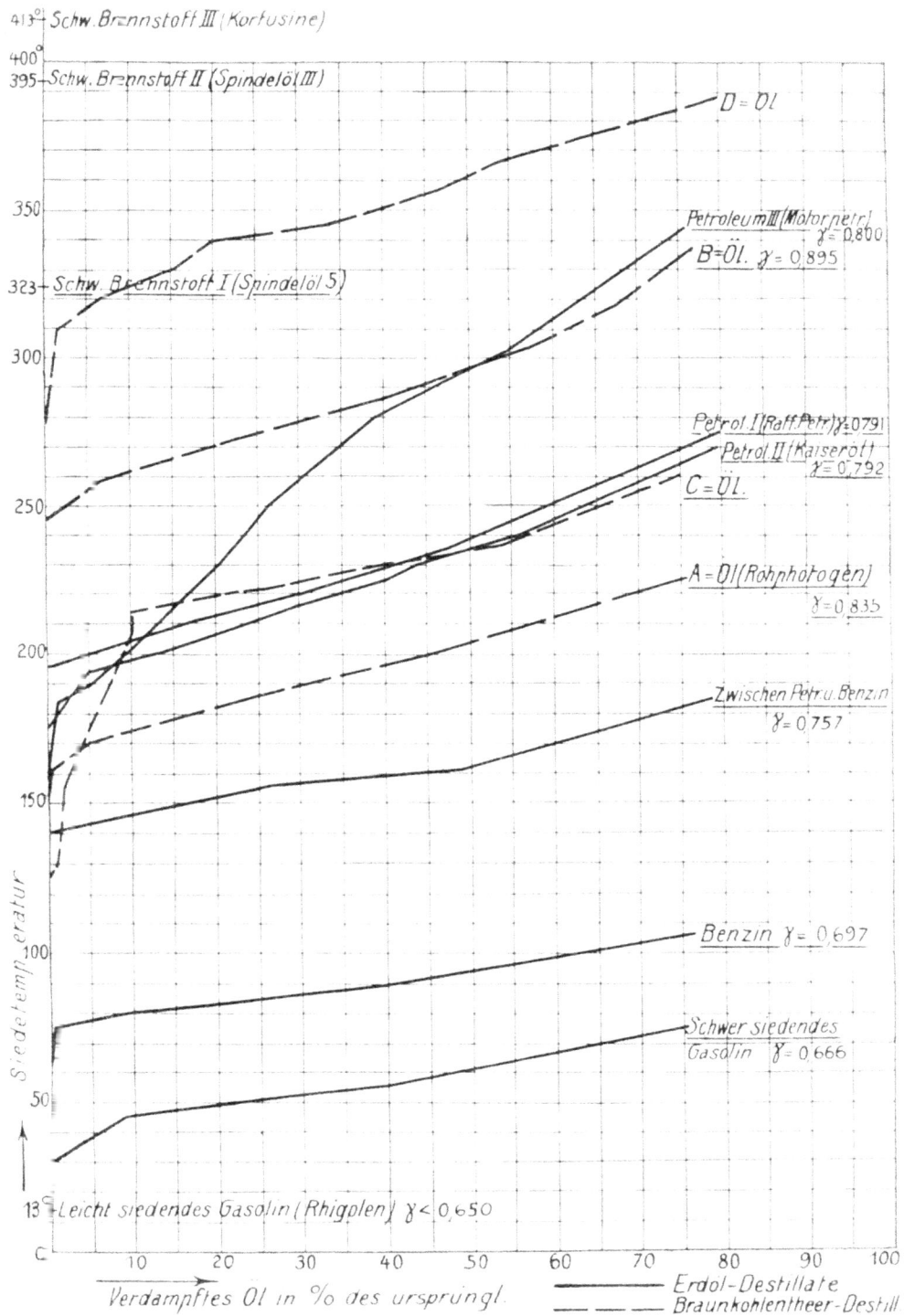

Fig. 20

Heizwertbestimmungen wünschenswert wäre, stehen aber noch
andere Schwierigkeiten im Wege. Die Dochtbrenner bedürfen
nämlich, besonders bei schweren Brennstoffen, eines starken
Luftzuges, und zwar:

1. um die unteren Brennerteile, die infolge der Wärmeleitung stark erhitzt werden, zu kühlen,
2. um die zur Verbrennung nötige Luftmenge an die
   Flamme zu bringen und dadurch die zur Vergasung
   der im Docht aufsteigenden Öle nötige lebhafte Verbrennung zu erzeugen.

Dieses letztere ist besonders bei schwersiedenden Ölen
wichtig, da dieselben zu ihrer Verdampfung einer hohen
Temperatur bedürfen. Bei diesen Ölen war deshalb der durch
die Flamme allein erzeugte Luftstrom nur bei sehr hohem
Zylinder (über 1 m) grofs genug, um eine genügende Luftmenge an die Flamme zu bringen. Im Kalorimeter trat infolge Luftmangels bei leichten Ölen ein Rufsen und bei
schweren ein allmähliches Erlöschen der Flamme ein.

Der notwendige starke Luftzug, der durch die Flamme
allein im Kalorimeter nicht erzeugt werden kann, läfst sich
erreichen:

1. durch künstliches A b s a u g e n der Verbrennungsprodukte aus dem Kalorimeter, und zwar mittels
   Gasometer, Exhaustoren oder Schornsteine,
2. durch künstliche Zuführung von Luft mittels Gebläse.

In beiden Fällen bleibt bei dem nach obigem abgeän-
derten Dochtbrenner der Übelstand des Ersaufens bestehen,
ganz abgesehen davon, dafs eine Gleichhaltung des Niveaus
in dem Ölbehälter zu Komplikationen führt.

Aber noch auf andere Weise läfst sich eine hinreichende
Luftmenge mit dem Brennstoff in Berührung bringen, nämlich durch die Saugwirkung des aus einer Düse ausströmenden,
vorher durch die eigene Wärmeentwicklung verdampften
Brennstoffes. Hierbei ist aber eine Druckerzeugung notwendig, um dem austretenden Öldampfe die erforderliche Geschwindigkeit zu geben. Diese Druckerzeugung geschieht bei
leichtsiedenden Ölen in den meisten bisher vorhandenen

Brennern durch Verdampfen der Flüssigkeit in dem der Düse zunächst liegenden und durchweg zur Aufnahme eines Dochtes eingerichteten Teile des Brennstoffbehälters.

Um aber die durch das f r e i e Ansaugen des Dochtes und die freie Verdampfung ermöglichte ungleichförmige Zuführung der leichteren und schwereren Bestandteile des Brennstoffes zur Flamme zu vermeiden, habe ich durch eine enge Rohrleitung den Dochtraum von dem Brennstoffbehälter getrennt und durch Höherlegung des letzteren einen Zufluſs zum Brenner geschaffen, den Docht nur als Verteiler benutzend. Die Verwendung eines geschlossenen Brennstoffbehälters war hier nicht mehr angängig, da sich in demselben infolge der verhinderten Wärmeübertragung kein Öldampf von genügendem Druck bilden konnte, um die richtige Ölzuführung aufrechtzuerhalten.

Bei offenem Brennstoffbehälter trat aber der Umstand störend auf, daſs infolge ungleichmäſsiger Verdampfung Druckänderungen entstanden, die oft derartige periodische Schwankungen der Flüssigkeitssäule hervorriefen, daſs in der Düse negativer Druck und damit ein Erlöschen der Flamme eintrat. Es muſste deshalb zu höheren Drücken gegriffen werden, um den Einfluſs dieser kleinen Druckschwankungen aufzuheben.

Bei schwersiedenden Ölen ist dieses schon aus dem Grunde notwendig, weil die Austrittsgeschwindigkeit der Öldämpfe aus der Düse nicht groſs genug ist, um eine genügende Luftmenge anzusaugen.

Die Benutzung der Flüssigkeitssäule selbst zur Druckerzeugung erwies sich jedoch nicht als praktisch; denn man hätte eine solch hohe Konstruktion anwenden müssen, daſs darunter die Einfachheit der Handhabung zu sehr gelitten haben würde.

Der Brennerkopf des sog. »Primus-Brenners« (Fig. 21) [mit Druckerzeugung durch Luftpumpe] leistet zur Verbrennung vieler flüssiger Brennstoffe infolge des günstig gelegenen Verdampfungsraumes gute Dienste. Daher habe ich zur Feststellung des Düsenquerschnitts und des nötigen Druckes mit demselben die verschiedenen Brennstoffe verbrannt. Der Ölbehälter entbehrte jedoch einer Vorrichtung zur Druckmessung.

Um für die Versuche die Druckerzeugung und Druckmessung
zu gleicher Zeit in einfacher Weise vornehmen zu können,
habe ich den Druck durch eine einstellbare Quecksilbersäule
erzeugt. Fig. 22 zeigt diese Vorrichtung, die zugleich so eingerichtet ist, daſs sie an einer Wage behufs Feststellung der
verbrannten Ölmenge bequem aufgehängt werden kann. Alle
Teile sind zentral angeordnet, um eine Veränderung der
Gleichgewichtslage zu verhindern. Das Quecksilbergefäſs A

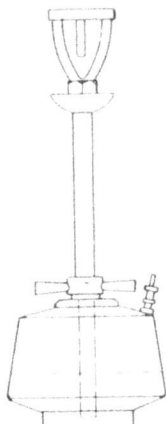
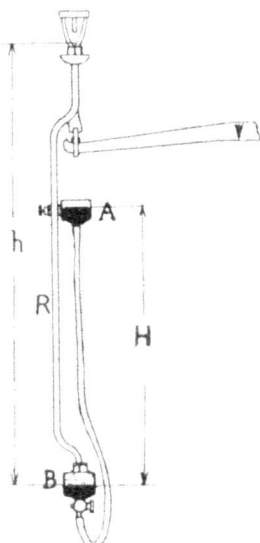

Fig 21.   Fig 22.

steht durch einen dickwandigen Gummischlauch mit dem
unteren Teile des Ölbehälters B in Verbindung. Hierdurch
übt das Quecksilber auf das Öl einen Druck aus, der sich in
der Düse bemerkbar macht mit: $H - \dfrac{h \cdot \gamma}{13,595}$ mm Hg. Das
Quecksilbergefäſs A kann an dem Rohr R zwecks Änderung
der Druckhöhe verschoben werden. Mit diesem Apparat habe
ich für die in Tabelle XII eingetragenen leichten und schweren
Brennstoffe den Düsenquerschnitt und die Druckhöhe bestimmt, die zur günstigsten Verbrennung erforderlich waren.

Tabelle XII.

Lfd Nr.	Name des Brennstoffes	Siede-temperatur	Spezif. Gewicht		Durch-messer der Düse	Druck	Zeit zur Ver-brennung von 10 g	Bemerkungen
			vorher	nach-her				
1	2	3	4	5	6	7	8	9
		°C			mm	mm Hg	Min. Sek.	
1	Leicht siedendes Gasolin	13	<0,650					Nicht unter-sucht
2	Schwer siedendes Gasolin	30	0,660	0,660	0,3	820		
3	Benzin	62—74	0,697	0,697	0,3	450	6	
4	Zwischen Petroleum u. Benzin lieg. Brennstoff.	140	0,757	0,7575	0,3	190	7 50	
5	Petroleum I	196	0,791	0,791	0,3	100	9 15	
6	Petroleum II vorher / nachher	175 } 177	0,792	0,7925	0,3	110	10	
7	Petroleum III vorher / nachher	160 } 163	0,800	0,800	0,3	450	5 30	
8	Schwerer Brennstoff I	323	0,851	0,851	0,3	110	8 30	
9	Schwerer Brennstoff II vorher / nachher	393 } 393	0,875	0,875	0,3	120	7 30	
10	Schwerer Brennstoff III	413	0,904	0,904	0,3	130	7 20	
11	Spiritus	—	0,835	0,835	1,1	60	3 20	Langer Docht i. Brennerrohr

Zu gleicher Zeit wurde die gleichförmige Verbrennung der einzelnen Bestandteile der Brennstoffe kontrolliert, indem vor und nach der Verbrennung (es wurden mindestens 50 % des ursprünglichen Volumens verbrannt) die spezifischen Gewichte bestimmt wurden. Bei dem Petroleum II und dem sehr ungleichförmigen Petroleum III wurde auch der Siedepunkt des Restes bestimmt. Die Ergebnisse der Versuche sind in Tabelle XII eingetragen. Letztere zeigt, daß die Forderung nach gleichmäfsiger Verbrennung der einzelnen Bestandteile vollständig erfüllt ist. Selbst bei dem Petroleum III wurde im spezifischen Gewicht keine und in der Siedetemperatur nur eine Änderung um 3⁰ (bei der Verbrennung auf 50 % des ursprünglichen Volumens) beobachtet, während bei freier Verdampfung die Siedetemperatur von 160 auf 293⁰, also um 133⁰, steigen würde.

Man ersieht ferner aus der Tabelle, dafs man mit nur e i n e r Düsengröfse fast alle Brennstoffe von 30⁰ Siedetemperatur bzw. 0,66 spezifischem Gewicht bis zu 413⁰ Siedetemperatur bzw. 0,904 spezifischem Gewicht in diesem Brenner verbrennen kann.

Für Spiritus, also einen Brennstoff mit geringerem Heizwert, ist ein gröfserer Düsenquerschnitt erforderlich, weil bei geringem Konsum die durch die Flamme erzeugte Wärmemenge infolge der Wärmeverluste nicht hinreichend ist, den Brennstoff zu vergasen. Eine Vergröfserung des Konsums durch gröfsere Austrittsgeschwindigkeit bewirkt aber eine zu starke Luftzufuhr zu der Flamme.

Zur bequemen Gewichtsbestimmung des während eines Versuches verbrannten Brennstoffes habe ich dem Brenner die in Fig. 23 gezeichnete

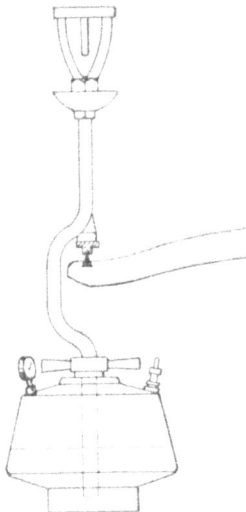

Fig. 23.

Anordnung gegeben. Der ganze Brenner mit Gefäfs hängt freibeweglich mittels zweier um 90⁰ versetzter Schneiden an einer Balkenwage. Letztere wird so neben dem Kalorimeter aufgestellt, dafs der Brenner, nachdem er aufserhalb desselben angezündet ist, bequem eingeführt und an der Wage aufgehängt werden kann.

Den Brennstoffbehälter habe ich mit einem geeigneten kleinen Manometer versehen, um das Aufpumpen von Luft, das mit einer Fahrradpumpe geschieht, dem Brennstoff anpassen zu können.

Der grofse Luftraum des Behälters gewährleistet einen ziemlich konstanten Druck während eines Versuches. Ein neues Aufpumpen von Luft braucht in der Regel erst nach mehreren Versuchen zu geschehen.

Durch die auf Grund obiger Untersuchung ausgeführte Konstruktion der Verbrennungsvorrichtung ist die Heizwertbestimmung fast aller flüssigen Brennstoffe, selbst der schwersten, in dem Junkersschen Kalorimeter ermöglicht.

Schlufsbemerkung.

Bei meinen Untersuchungen, die ich zum gröfsten Teile im Maschinenlaboratorium der Technischen Hochschule zu Aachen ausgeführt habe, hatte ich mich des steten anregenden Entgegenkommens des Vorstehers dieses Laboratoriums, des Herrn Prof. Junkers, zu erfreuen, wofür ich ihm auch an dieser Stelle meinen herzlichsten Dank ausspreche.

www.ingramcontent.com/pod-product-compliance
Lightning Source LLC
Chambersburg PA
CBHW031449180326
41458CB00002B/702